Frank Dopheide

GOTT IST EIN KREATIVER. KEIN CONTROLLER.

FRANK DOPHEIDE, geboren 1963, hat sich 33 Jahre in der Welt der Wirtschaft abgearbeitet. Er war Chairman von Grey Worldwide, später Sprecher der Geschäftsführung der Handelsblatt Media Group. Er hat unzählige Marken und Unternehmen beworben, kennt den Blick hinter alle Kulissen und viele der großen Wirtschaftsakteure persönlich. 2020 hat er sein eigenes Grown-up gegründet: »human unlimited«.

Frank Dopheide

GOTT IST EIN KREATIVER KEIN CONTROLLER

Über das Leben außerhalb der Effizienzfalle,
oder warum wir mit unserem Lebenspartner
kein Jahresgespräch führen sollten

Econ

MIX
Papier
FSC FSC® C014496

Econ ist ein Verlag
der Ullstein Buchverlage GmbH
ISBN 978-3-430-21052-2

Umschlaggestaltung: FHCM® Designagentur, Berlin, nach einer
Vorlage von human unlimited GmbH
Titelabbildung: © adobestock/Zamurovic Brothers;
© adobestock/Leigh Prather
Redaktion: Oliver Domzalski

Satz und Repro: LVD GmbH, Berlin
Druck und Bindearbeiten: GGP Media GmbH, Pößneck
Printed in Germany

*»Als Hirnforscher muss ich sagen:
Dass wir für Geld arbeiten, war die dümmste Idee,
die wir in unserer Menschheitsgeschichte entwickeln
konnten.«*

(Prof. Dr. Gerald Hüther, Neurobiologe)

INHALT

VORWORT

**»Das sind doch alles erwachsene Männer.
Denen musst du doch nicht sagen,
was sie tun sollen.«
»Das verstehst du nicht, Mama.«**

Damit ihr mich versteht, ein paar Worte vorweg.
Ich bin kein Buchautor. Warum also schreibe ich ein Buch?
Ich bin ein Arbeiter. Ich verdiene meine Brötchen mit Ideen. Und das Leben als kreativer Geist ist ein großes Glück. Du sprudelst über vor neuen Gedanken und erfindest Produkte, Kunden und dich selbst jeden Tag ein bisschen neu. Du bist von morgens bis abends (und manchmal auch nachts) mit inspirierenden und nörgelnden Menschen zusammen, und alle können etwas, das du nicht kannst. Jeder kann mit jedem. So wird die Welt in deinem Kopf Jahr für Jahr ein bisschen größer. Es wäre also alles perfekt. Wenn da nur nicht die Karriere wäre.
Mein beruflicher Aufstieg vom Werbetexter zum Kreativdirektor, zum Geschäftsführer, zum Chairman der damals zweitgrößten Werbegruppe Deutschlands *GREY* und dann zum Sprecher der Geschäftsführung der *Handelsblatt Media Group* mit 1.067 schlauen Köpfen und Hun-

derten ausgewachsenen, kritischen Journalisten war der Sprung in ein anderes Universum. Ein Universum, in dem ich der Alien war. Ich war ein kreativer Geist, der sich in die unendlichen Weiten der Zahlenhengste verirrt hatte. Ich flog zu Global Board Meetings mit dem Koffer randvoll schönster Ideen – aber es wurde tagelang nur auf Excel-Charts geguckt. Statt über Kunden und ihre Bedürfnisse zu sprechen, haben wir immerzu über Kennzahlen geredet. Der Mensch tauchte nur in zwei Varianten auf: als Name im Organigramm oder in der XXL-Packung, genannt »die Zielgruppe«. Das Wort »Fantasie« ist zwar die Lieblingsvokabel der Börse, doch Vorstellungsvermögen und Ideenreichtum waren keine Variable in der P&L (Profit & Loss)-Kalkulation. In der Unternehmenswelt hatten und haben die Taschenrechner und Logiker das Ruder fest in der Hand – selbst in der Kreativ- und Kommunikationsbranche. Sie führen die Wirtschaftstanker wie eine Rudergaleere: Alle müssen sich unter Deck nach Kräften in die Riemen legen. Diese Spezies von Steuerleuten kennt nur einen Kurs: stramm Richtung Shareholder und Profit. Damit haben sie uns alle höchst effizient in ihre Optimierungsfalle gesteuert. Und da stecken wir jetzt fest. Endoptimiert und sinnentleert. Auf diesem Weg kommen wir keinen Meter mehr weiter. Mitarbeiter, Kunden und die gesellschaftliche Akzeptanz gehen bereits von Bord.

Deshalb gibt es dieses Buch. Man kann die Welt der Wirtschaft nämlich auch mit der rechten Gehirnhälfte betrachten. Die haben wir schließlich auch noch. Angeblich sogar jeder von uns. Sie ist das Gegenteil von logisch – sie ist emotional, fantasievoll, sinnlich. Und sie ist überraschenderweise genauso groß wie ihr vernünftiges Gegenüber. Vermutlich hat sich der liebe Gott etwas dabei gedacht. Denn wenn die Logik mit ihrem Latein am Ende ist, fällt der Unlogik immer noch was ein. Jetzt wäre ein guter Zeitpunkt, diese Hälfte zum Arbeitseinsatz zu bringen. Mit beiden Hälften zusammen sind unsere beruflichen Möglichkeiten doppelt so groß.

Dieses Buch ist bei genauer Betrachtung eher ein Motivationsschreiben für all jene, die drohen in der Zahlenmühle zerrieben zu werden. Es ist gedacht als anregende Form der Bewusstseinserweiterung für Chefs. Und für alle die, die einmal Chef werden wollen. Und für all jene, die jemanden kennen, der einen Chef hat. Ich arbeite mich an der Sorte Managern ab, die zu ihrem eigenen Klischee geronnen sind. Diese Manager, die ich im Auge habe, sind übrigens durchweg Männer. (Deshalb belaste ich die Lektüre dieses Buchs auch nicht mit Gendersternchen.)

Ich betrachte die Welt der Manager hier mal mit der anderen Gehirnhälfte und stelle fest: Immer nur logisch macht auch keinen Sinn. Wenn Sie also ein Manager sind: Seien Sie bereit für eine Art Wurzelbehandlung. Tut ein bisschen weh, aber hinterher fühlt man sich viel besser. Wenn Sie einfach nur ein Mensch sind: Viel Vergnügen beim Lesen.

Ach so, damit bei der Lektüre keine Verwirrung aufkommt: Weil ich die Manager nur zu gut kenne, duze ich sie in diesem Buch, wenn ich sie direkt anspreche. Alle anderen Leser und Leserinnen sieze ich, wie es die Höflichkeit gebietet.

Frank Dopheide, im Januar 2021

Ein paar Seiten zum Erfolg

MANAGER. EINE JAHRHUNDERT-KARRIERE

»Ich habe nie gesagt, dass ich perfekt bin. Ich habe nur gesagt: Es ist schwer, aus seinen Fehlern zu lernen, wenn man nie welche macht.«

(Unbekannter Manager)

Wie fing das alles eigentlich an?
Als Deutschland das Wirtschaftswunder gestemmt und die Ölkrise sich Mitte der 1970er verzogen hatte, als der Laden und das Land wieder brummten, da räumten die Erfinder und Unternehmensgründer ihre Chefsessel und machten Platz für eine neue Elite an der Unternehmensspitze. Von da an hatten wir die Manager. Ihr Idealbild war frisch aus Amerika importiert worden und hing jetzt überall in Deutschlands Chefetagen. Wer wollte da noch »Generaldirektor« sein?
Die neuen Kapitäne, weltgewandt, dynamisch und effizienzgesteuert, setzten sich an die polierten Direktorenschreibtische und begannen umgehend damit, Unterneh-

menswert und Börsenkurs auf Wachstum zu trimmen. Was bedeutete: Organisation, Planung und Kontrolle waren jetzt keine der Produktion und dem Verkauf untergeordneten Aufgabenbereiche, sondern Chefsache.

Anders als sein Vorgänger erfindet der Manager nichts Neues, aber er macht finanztechnisch das Beste aus dem, was andere vor ihm erdacht haben. Unter seiner Führung wachsen Unternehmen, Umsätze und Internationalisierung ins Grenzenlose. Die Messinstrumente aus den Laboren und Fertigungshallen werden abgelöst durch die Finanzinstrumente einer entfesselten Geldwirtschaft.

Die neuen Steuerleute der Wirtschaft waren Jünger einer neuen Religion namens »Shareholder Value«. Ihr Hohepriester war der 1976 frisch zum Nobelpreisträger gekürte Amerikaner Milton Friedman. Die Managerkaste vergötterte ihn und folgte ihm aufs Wort.

Friedman predigte: »The business of business is business«, und meinte damit: »Manager, verschwendet keine Zeit mit gesellschaftlicher Verantwortung, Politik, Umweltschutz und so etwas, sondern kümmert euch ums Geldverdienen.« Das klingt aus betriebswirtschaftlicher Sicht konsequent und folgerichtig, ist aber ein schleichendes Gift für die moralische Gesundheit der Wirtschaftslenker. Mit diesem Glaubenssatz stellte der Manager den Profit über alles andere und erhielt so einen Freifahrtschein für das Ausschalten seines sozialen Gewissens. Geld verdienen wurde zum einzigen Geschäftszweck; um den ganzen Rest sollten sich andere kümmern. Die gelebte Verantwortung für Mitarbeiter, Kunden und Gesellschaft rückten ganz geschäftsmäßig eine Stelle nach hinten.

Befreit von unkalkulierbaren Zielen wie Vertrauen, Loyalität und gesellschaftlicher Akzeptanz, leistet der Manager seither ganze Arbeit in seinem Gewinnmaximierungstunnel und treibt die Unternehmenskennzahlen in unvorstellbare Höhen.

Aus erzählerischen Gründen wollen wir dem Manager einen Namen geben. Das vereinfacht die Sache. Der beliebteste und verbreitetste Name auf dem Chefsessel ist Stefan. Und dieser Stefan wird in unserem Buch zum Synonym für alles, was sich Manager nennt. Ich bitte die Guten unter den Stefans und Stefanies, die kreativen Stefanos und die empathischen Stefanels um Nachsicht: Ihr seid nicht gemeint. Darum verkörpert »Stefan« in diesem Buch den Prototyp jener Spezies, die unsere Welt hierhin gebracht hat: in die Optimierungsfalle. Unser Stefan, er ist logisch, erfolgreich – und männlich.
Nachdem Stefan und seine Beraterfreunde das Ruder übernommen haben, wachsen sie schnell über sich hinaus: Optimierung, Standardisierung, Effizienzsteuerung und Controlling werden tagtäglich bis ins Mikroskopische praktiziert und perfektioniert. Der Mann (es sind damals tatsächlich ausschließlich Männer) an der Spitze des Unternehmens verändert seine Berufsbeschreibung – und der Beruf verändert zugleich sein Wesen. Stefan beginnt, sich »Chief Executive Officer« (CEO) zu nennen und verhält sich auch so: ein Chef mit militärischem Rang, der knallhart Beschlüsse exekutiert. Der neue Titel auf der Visitenkarte verändert nicht nur den Status, sondern auch seinen Blick auf das tägliche Tun. Die treue Seele des Unternehmens, genannt der Mitarbeiter, erscheint nun als »Human Resource« oder »Humankapital« und zugleich als größter Kostenfaktor. Der Erfahrungsschatz und die Loyalität von Dienstleistern sind zwar gute Argumente, passen aber nicht in Excel-Charts und werden mittels technologischer Einkaufsprozesse rausautomatisiert. Der günstigste

Einkaufspreis allein ist die Trophäe, die es zu jagen gilt. Die Einkaufsabteilung wird zur gnadenlosen Preisdrückerkolonne. Globalisierung verlängert zwar die Lieferzeiten, aber billige Arbeitskraft und *Just-in-time*-Lieferungen kompensieren das mit Leichtigkeit. Gewachsene Strukturen und Vertrauensverhältnisse gelten nicht mehr als Kapital, sondern als Bremse für Kostensenkungen. Das alljährliche Heben neuer Einsparpotenziale wird zur Kernkompetenz der Vorstandsetagen rund um den Globus.

Stefan setzt seine Jobbeschreibung makellos um. Er optimiert und funktioniert. Nie waren Börsenkurse, Unternehmensbewertungen und das eigene Gehalt so hoch wie heute. Ein echtes Erfolgsmodell, der Manager – auch in der modernen Variante als CEO.

Entsprechend verbreitet sich das CEO-Virus in Windeseile und infiziert alle Sitznachbarn im großen Konferenzraum. Die gesamte Führungselite der Welt wird befallen und verändert nun ihr Wesen. Sie wird zum C-Level. Führung auf höchstem Niveau. Man sitzt jetzt nicht nur im selben Boot, sondern auch *New-Work-like* am selben Tisch: CEO (Chef), CFO (Finanzen), CHRO (Personal), CTO (Technik), CSO (Sales, wichtig) und – die Welt wird komplizierter – COO (Organisation). Am langen Ende des Tisches sucht dieser Tage der Tekki noch seinen Platz, der CDO (Digitales). Er ist allerdings noch in der Probezeit und muss sich unter seinesgleichen erst bewähren. Aber auch der Nerd will heute Manager sein.

Das C-Level ist die höchste Sprosse der Karriereleiter. Die Officer haben die totale Kontrolle im Unternehmen übernommen und ihre Hände an allen Hebeln der Macht. Eine Karriere wie die von Werner Wenning, dem langjährigen CEO und Aufsichtsratschef der Bayer AG, der mit der Ausbildung zum Industriekaufmann startete, ist heute undenkbar. Jetzt sind Hochschulstudium und Doktortitel schon fürs Betriebspraktikum und das Traineeprogramm notwendig. Theorie schlägt Praxis. Die Riege ehemaliger Berater aus Firmen der McKinsey-Schmiede bildet die größte Gruppe der heutigen Führungselite in der DAX-Welt. *Success made by PowerPoint.* Effizienz als Formel des Erfolgs. Auch des eigenen.

Allerdings war die maximale Fokussierung auf Kostenreduktion, Unternehmenswert und Börsenkurs nicht ohne Nebenwirkung zu haben: Durch die Konzentration auf den Profit hat Stefan, der Endoptimierte, die Menschen verloren. Und die Menschen ihrerseits verloren den Glauben an das Unternehmen, seine Führung und den Wert seiner Arbeit für die Gesellschaft. Folgerichtig erleben die Goldjungs der Wirtschaft jetzt mit Schrecken, dass sich die Ära des zahlenfixierten Topmanagers dem Ende zuneigt. Eine Erkenntnis, die Stefan und seine Freunde unerwartet und mit Wucht trifft. Der Manager versteht die Welt nicht mehr. Just in dem Jahr, in dem Martin Winterkorn Volkswagen zum größten Automobilkonzern der Welt hochgefahren hatte, musste er seinen Dienstwagen vom Hof schieben. Bayer-CEO Werner Baumann hatte beim Kauf des Chemieriesen Monsanto die Börsenstory im Blick, sich aber beim juristischen Widerstand der Glyphosat-Kläger in den USA und dem gesellschaftlichen Widerwillen verkalkuliert. Management-Vorreiter Joe Kaeser zerlegte Deutschlands Großkonzern Siemens finanzgerecht, hatte seine Rechnung jedoch ohne die Millennials und die Schülersprecherinnen gemacht.
Nahezu alle deutschen Vorzeigekonzerne und ihre Kapitäne waren schon vor Corona in Erklärungsnot geraten: Deutsche Bank, Bayer, Volkswagen, ThyssenKrupp, Com-

merzbank, Continental, E.ON, RWE, Lufthansa, Daimler, BMW. Jeder ringt mit sich, seinem Geschäftsmodell und den Erwartungen aktivistischer Investoren, kritischer Mitarbeiter und einer Gesellschaft voller Ansprüche. Was sie nicht sehen, von außen aber erkennbar ist: Sie haben ihre Unternehmen börsentechnisch wertvoll, aber sinnentleerter gemacht. »Des Managers neue Kleider« heißt das Märchen. Er fühlt sich von allen bewundert und todschick im Maßanzug, aber in Wahrheit steht der CEO ziemlich nackt da.

Stefan und seine Freunde sind in der eigenen Denkfalle gefangen. Wer sagt es ihnen? Wir machen mal den Anfang:
Lieber Stefan, eure Lieblingsfloskel wirkt nicht mehr. Wenn inzwischen jeder Mitarbeiter »out of the box« denken muss, damit sich etwas bewegt, dann ist die Box das Problem. Buchführung ist etwas anderes als Führung. Nach über einem halben Jahrhundert hocheffizienter Unternehmenssteuerung ist es jetzt so weit: Ihr müsst euch neu erfinden. Es ist Zeit, eure Ideensegel zu hissen, einen neuen Kurs einzuschlagen und sich über die Grenzen der eigenen Erkenntnis hinauszuwagen. Ihr werdet erkennen: Hinter eurem eigenen Erfahrungshorizont geht es weiter.

Wir lernen:
Gut gemanagt heißt noch nicht gut geführt.

Manager mögen es, sich selbst zu klonen. Aus Kostengründen nutzen auch alle denselben Friseur und Herrenausstatter.

Ein paar Seiten zur Prozessoptimierung

LIEBER KLEINE SCHRÄUBCHEN DREHEN ALS DAS GROSSE RAD?

»Auch Perfektion hat noch Platz für Optimierungen.«

(Ty Warner, Gründer von Ty Inc. und Milliardär)

Nun haben Sie gelesen, wie Stefan an den Chefschreibtisch kam. Aber wie kam eigentlich der Optimierungswahn in unsere Welt? Henry und Winslow sind schuld – der Erfinder der Fließbandarbeit und der Mann mit der Stoppuhr direkt daneben. Die beiden Amerikaner hatten jedenfalls entscheidenden Anteil daran, dass sich die Produktionswelt für immer veränderte.
Henry Ford war ein Jahrhundertunternehmer. Er hat unsere Wirtschaftswelt geprägt und ihr seinen Effizienzstempel aufgedrückt. Der kleine Henry wurde 1863 in der Nähe von Detroit geboren und wuchs auf der Farm seiner irischstämmigen Eltern auf. Er liebte das Schrauben an Maschinen. So war es keine Überraschung, dass er sich im zarten Alter von sechzehn in die große Stadt aufmachte, um eine Lehre als Maschinist zu beginnen.

Einige Jahre später wurde er Chefingenieur bei der *Edison Illuminating Company*. Der große Thomas Alva Edison hatte nicht nur die Glühbirne erfunden, sondern mit Menlo Park auch das größte Innovationslabor seiner Zeit geschaffen. Als Chefingenieur hatte Henry Ford ebendort genügend Muße und Geld, sich seiner wahren Leidenschaft, dem Verbrennungsmotor, zu widmen. Und im Alter von 33 Jahren hatte Henry es geschafft: Sein erstes selbstangetriebenes Fahrzeug mit dem Namen »Quadricycle« machte die Straßen unsicher. Ford verließ seinen Erfinderfreund und gründete 1903 sein eigenes Automobilunternehmen.

Das berühmte Modell T von 1908, »Tin Lizzy« genannt, gewann Autorennen und die Herzen der Amerikaner. Und Henry erfand 1914 etwas, das ihn noch reicher und berühmter machen sollte als das kastenförmige schwarze Gefährt: das Fließband. Wie in seiner Jugend die Maschinen seines Vaters, zerlegte er jetzt den Produktionsprozess in tausend Einzelteile. Von nun an bauten seine Leute nicht mehr ein Auto nach dem anderen zusammen, sondern jeder Arbeiter wurde zum kleinen Rädchen im großen Getriebe. Statt einer monatelangen Ausbildung zum rundum versierten Automechaniker reichte ab jetzt eine Stunde, um einen ungelernten Schrauber einsatzfähig zu machen. Ein Handgriff genügte – alle 79 Sekunden die gleiche Bewegung war alles, was er können musste, damit der Laden und das Band liefen. Statt in zwölfeinhalb Stunden war ein Auto in unter drei Stunden montiert und abfahrbereit. Alles wurde industrialisiert und standardisiert, das »Handmade« wurde auf den Schrottplatz der Industriegeschichte geschoben. *Advanced capitalism* nennen die Amerikaner das Prinzip Ford mit stolzgeschwellter Brust. Henry verdoppelte den Mindestlohn seiner Leute von 2,34 Dollar auf über 5 Dollar und führte den Achtstundentag ein. So hatten seine Leute mehr Zeit und mehr Geld in der Tasche. Damit hatte Ford seine eigene Belegschaft als zusätzlichen Wachstumsmotor eingebaut – mehr Kaufkraft und große Sehnsucht nach dem neuen mobilen Gefährt, das sie selbst massenfertigten und dessen Preis gleichzeitig von 850 auf unter 400 Dollar sank. Die Konsumgesellschaft, in der wir heute leben, nahm in jenen Tagen Fahrt auf. Der »Fordismus« brachte die Produktion und den Konsum der Massen gleichzeitig auf Geschwindigkeit. Der Verbrauch der arbeitenden Bevölkerung wurde erstmals zum relevanten Wirtschaftsfaktor. Jedes zweite Auto in Amerika war ein T-Modell. Standardisierung wurde die ultimative Formel zum Erfolg. Individualisierung wirkte da wie ein Klotz am Bein, wie ein ihm gern zugeschriebenes Zitat illustriert: »Jeder Kunde kann seinen Wagen in beliebiger Farbe haben, solange es sich dabei um Schwarz handelt.« Tatsächlich lieferte Ford das Modell T bis 1925 nur in Schwarz aus, weil er so nur eine Lackierstraße brauchte – und weil dieser Lack am schnellsten trocknete.

Und der Autobauer schaltete noch einen Gang höher. Henry Ford hatte eine klare Vorstellung, wie Erfolg funktioniert: »Nicht mit Erfindungen, sondern mit Verbesserungen macht man ein Vermögen.« Er wurde so gesehen zum Meisterschüler von Frederick Winslow Taylor und beorderte Leute mit Stoppuhren an seine Fließbänder, um die Produktion zu optimieren und die Kosten zu reduzieren. Der Unternehmer war begeistert und jubelte sinngemäß: »Wenn jeder meiner zwölftausend Mitarbeiter sich jeden Tag nur zehn Schritte spart, sind das zusammen 50 Meilen, und wir sparen uns überflüssige Arbeit und die Vergeudung von Energie.«

In den Jahren nach 1914 lernte das Topmanagement: Wir können die Autos schneller zusammenbauen, wenn wir den gesamten Arbeitsprozess vorab auseinanderschrauben und vermessen. Jeder noch so winzige Arbeitsschritt wurde bis ins Detail vorgeschrieben. Die Prozesssteuerung war erfunden, wurde exzessiv zelebriert und bis in unsere Tage zur neuen weltumspannenden Glaubenslehre moderner Unternehmenssteuerung. Ab nun galt für jeden Handgriff, was sonst nur für den Highlander gilt: Es kann nur einen geben – *there is only one best way*. Taylor, dessen Methode als Taylorismus in die Wirtschaftsgeschichte einging, erklärte seine Idee so: »Man schalte alle falschen, zeitraubenden und nutzlosen Bewegungen aus und stelle die schnellsten und besten Bewegungen, ebenso die besten Arbeitsgeräte tabellarisch in Serien geordnet zusammen.« So geht's.

Der effizienzbedachte Winslow trennte in den von ihm beratenen Fabriken konsequent den Kopf von der Hand. Die manuell Tätigen blieben am Band stehen und machten sich weiter die Hände schmutzig, während die Leute mit den anspruchsvollen Aufgaben in Anzug und Krawatte gesteckt und an den Schreibtisch versetzt wurden. So zerlegte der effizienzfixierte Taylor auch den Blick für das große Ganze in seine Einzelteile. In diesem Moment verloren wir die Chance auf Zusammenhalt und Gemeinschaft. Eine Nebenwirkung, die Winslow damals nicht auf der Rechnung hatte. Wäre das Wort »Entfremdung« nicht schon in der Welt gewesen – es wäre der perfekte Begriff für den Taylorismus gewesen. Mit dieser Methode wurde in der Produktionshalle aktiv und bewusst der Kopf ausgeschaltet. Menschen, die Tag für Tag an der Front stehen und den Überblick behalten, waren ab jetzt nicht mehr gefragt. Die Aufgabe, Augen, Ohren und Geist offen zu

halten, wurde in die oberen Etagen ausgelagert. Was für ein Fehler.
Aus Effizienzgründen mutierte auch die Kommunikation zur Einbahnstraße. Man sparte sich den gemeinsamen Austausch. Es geht schneller, wenn einer die Ansagen macht und die anderen zuhören und gehorchen. Diskussionen sind mühsam und kosten Zeit – und die ist bekanntlich Geld. Winslow Taylor wurde zur rotgesichtigen Furie, wenn die Arbeiter Mitsprache bei der Entwicklung von Prozessen und Normen verlangten.
Was Taylor nicht mit seiner Uhr stoppen konnte, war fortan auch nicht wichtig. So schlich sich ein weiterer absurder Denkfehler in unser Managementsystem ein. Bis zum heutigen Tage glauben viele auf der C-Ebene: Was wir nicht messen können, hat auch keine Wirkung. Der Chef mutierte zu einer Art TÜV-Prüfer.
Aber Taylor war eben kein Soziologe oder gar ein Menschenfreund. Sein Denken drehte sich nicht um Verstehen, Durchdringen und Begreifen, sondern es entsprang der simplen Beobachtung. Ein paar Experimente, manchmal nur mit einem, zwei oder drei Arbeitern, dazu die unbestechliche Stoppuhr, die logische Erklärung und die unumstößliche Ableitung der besten und einzigen Lösung. So produziert man Innovationskiller gleich mit.

In Amerika erkannte man die unmenschlichen Aspekte dieser Methode recht früh. In staatlichen Unternehmen wurde die Stoppuhr ab 1916 verboten, aber es war zu spät. Taylors Geist war bereits aus der Flasche und nicht mehr einzufangen. Die Zahlen waren auf seiner Seite; der Erfolg sprach für Winslow. Mit dem Daumen am Drücker der Stoppuhr steigerte er die Leistung von Autofabriken und Stahlwerken auf mehr als das Dreifache. Noch Fragen?

Als man Jahrzehnte später begriff, dass Prozessoptimierung vor allem große Einfalt produziert, wollte man die Schieflage beseitigen, indem man das betriebliche Vorschlagwesen erfand: die Abteilung, bei der Mitarbeiter ihre Ideen zur Produkt- und Prozessverbesserung schriftlich einreichen können. Die Vorschläge werden bis heute von einem Gremium sortiert, betrachtet und bewertet. Bei positivem Bescheid berechnet die Abteilung anschließend den Wert des Verbesserungsvorschlags in Euro und Cent und überweist dem Mitarbeiter einen kleinen Anteil davon auf das Gehaltskonto, als Ansporn für weitere Vorschläge. So geht es natürlich auch. Wenn auch natürlich nicht wirklich gut.

Was würde passieren, wenn wir unser tägliches Leben unter Optimierungs-Gesichtspunkten steuern, also dem Taylorismus unterwürfen? Zerlegen wir die Vorstellung einmal gedanklich in ihre Einzelteile und arbeiten wir daran, jedes Detail unseres Lebens günstiger und wirtschaftlicher auszusteuern? Der Wecker klingelt, wir springen aus dem Bett (noch mal umdrehen ist gestrichen, die Schlummertaste am Handy abgeschafft), schnell geduscht (eiskalt, in unter 60 Sekunden), Frühstücken war gestern (wofür gibt es Müsliriegel und Coffee-to-go-Becher?). Und wo wir gerade dabei sind: Den Abschiedskuss, das Streichen über die Wangen der Kinder und die morgendlichen Gespräche am Frühstückstisch können Sie sich so auch gleich sparen; sie sind auf dem Weg zur maximalen Effizienz wenig zielführend. Der Versuch der Endoptimierung kann absurde Formen annehmen. Werfen wir einmal einen Blick auf Menschen, die sich dieser Denke mit Haut und Haaren unterworfen haben. Gucken wir ins Wartezimmer eines Schönheitschirurgen und wir sehen die Ergebnisse des tapferen Selbstversuchs, alle Details ihres Ichs zu optimieren – sinnliche Lippen, glatte Stirn, makellose Zähne, volles Haar, gerade Nasenflügel, markantes Kinn, tätowierte Augenbrauen. Wir verstehen den Gedanken, aber wir sehen auch das Ergebnis: Die Rechnung geht nicht auf. Das Ganze ist mehr als die Summe seiner perfekten Gesichtsteile. Wir sollten auf den Künstler Nam June Paik hören: »When too perfect, lieber Gott böse.« Die russisch-orthodoxen Kirchenmaler wussten das schon immer und bauten in jede Ikonenmalerei einen kleinen Fehler ein. Sicher ist sicher – wer will schon Streit mit Gott, weil er sich anmaßt, Perfektion zu schaffen? Also, wer außer Taylor und seine Glaubensbrüder?

Unterziehen wir Winslow doch dem Realitätscheck im wahren Leben. Eine Gedankenprobe. Beginnen wir mit den menschlichen Grundbedürfnissen Ernährung, Sexualität und sozialer Kontakt. Egal, ob Mann oder Frau – die Ehe würde noch an Taylor-Tag eins als ineffizient abgeschafft. Schon auf den ersten Blick ist erkennbar, dass die Kostenrechnung bei dieser Form der alltäglichen Zusammenarbeit nicht aufgeht. Jede beliebige Kombination von Dienstleistern wie Wäschereien und Essen auf Rädern, eine Dating-Plattform, ein Escort-Service für Gespräche, Konzertbesuche und Sex, und das Ganze abgerundet durch den Beitritt zu einem Sport-, Kultur-, Buch-, Oldtimer- oder Hundeclub würde sich sprunghaft positiv auf Zeitaufwand, Nervenkostüm und Kontostand auswirken. Die Optimierungsmöglichkeiten scheinen grenzenlos – jeder Prozessoptimierer hätte seine helle Freude. Vielleicht lassen Sie diesen Gedanken einmal sacken. Und überlegen dann, ob Sie das mit Ihrem Lebenspartner besprechen. Allein das finanzielle Einsparpotenzial sollte überzeugend wirken. Und wenn es gut läuft, können Sie das Einsparvolumen weiter ausbauen, indem Sie es auf die Themen »Kinder und Erziehung« sowie »Haustiere und Hobbys« ausdehnen. Potenziale über Potenziale. *Winslow is everywhere*. Warum war der Mann eigentlich über 30 Jahre lang verheiratet?

Die Unsinnigkeit einer reinen Effizienzfixierung wird angesichts unseres Gedankenexperiments schnell deutlich. Doch die gesamte Welt der Produktion ist Taylor willfährig auf den Leim gegangen, und das hat weitreichende Folgen. Effizienzprogramme sind immer eine Mischung aus Aderlass und Amputation. Sie bringen nichts Neues hervor, sondern nehmen etwas weg. Taylor entfernte, um Zeit einzusparen, die Seele aus dem Unternehmen. Das gemeinsame Erschaffen wurde technokratisch zerstückelt. Support ist jetzt keine Selbstverständlichkeit mehr, sondern eine Abteilung, die du montags bis freitags von 10 bis 16 Uhr anrufen kannst. Das tägliche Tun verlor seinen Sinn und der Schaffende seinen inneren Antrieb.

Als Sinnersatzstoff brachte die Unternehmensführung die Ziele ins Spiel. Das beliebteste aller Unternehmensziele ist übrigens die Eroberung der Marktführerschaft. Auf dem Weg dorthin bekommt jeder Mitarbeiter sein Individualziel, damit ihn nichts und niemand vom fleißigen Arbeiten ablenken kann. Es entsteht eine Zielfokussierung, wie wir sie sonst nur aus dem Tierreich kennen: beim Frosch und der Fliege. Mit dem Unterschied, dass das Ziel nicht nach dem Geschmack des Frosches ist, sondern nach dem des Chefs, also des dicksten Hechts im Teich.

Was früher Zuckerbrot und Peitsche hieß, nennen wir heute Zielvereinbarung. Das Problem: Dieses Instrument wurde in stabilen Wachstumsmärkten erfunden und erprobt. Sobald die Zeiten aber schwieriger und das Geschäftsklima volatiler werden, verfehlen solche Vereinbarungen ihr Ziel schon bei ihrer Verkündung und richten von Tag eins an Kollateralschäden an. Taylor hat vor aller Augen die Büchse der Pandora geöffnet, und das Management hat das daraus gezimmerte Hamsterrad seitdem ganz in seinem Sinne kontinuierlich optimiert. Dabei geht es auch ganz anders. Bill Gates' Erfolgsrezept zum Beispiel orientiert sich am Gegenteil des Hamsterrads: »Für eine komplizierte Aufgabe suche ich mir einen faulen Mitarbeiter. Er findet garantiert einen Weg, der einfacher ist.« Mit diesem faszinierenden Gedanken konnte sich der zweitreichste Mensch unseres Planeten aber leider kein Gehör verschaffen.

Längst steuern wir Menschen nicht mehr mit der Stoppuhr, sondern mit Kennziffern. Was einmal der innere Antrieb war, wurde durch die Zielvorgabe ersetzt. Im Jahre 2021, hundert Jahre nach Taylor, sind die OKRs, *Objectives and Key Results*, der allerletzte Schrei. Klare, einfache Messgrößen, die anzeigen, ob man mit der richtigen Geschwindigkeit auf dem richtigen Weg unterwegs und wie weit es noch bis zum Ziel ist. Das Navigationsgerät für Untergebene. Vom Chef persönlich eingestellt.

Der Mitarbeiter hat nun die OKRs im Kopf, aber nicht mehr den Kunden. Er trägt ab jetzt Scheuklappen und hat keinen Blick mehr für das, was rechts und links der Strecke passiert. Taktisches Verhalten ersetzt Sinn und Verstand und stellt den inneren Antriebshebel auf Leerlauf. In der Welt von Umsatz und Profit gilt: Das Ziel ist das Ziel. Und das Ziel ist 'ne Zahl. Doch dieser zu einfach gedachte Zweisatz kann Unternehmen und Manager teuer zu stehen kommen.

Eine wahre Geschichte. *Wells Fargo.* 1851 gegründet und seit jenen Tagen eine große Nummer in Amerika. Was mit Postkutschen im Wilden Westen begann, wurde zu einer der Topbanken in der größten Finanzindustrie der Welt. Irgendwann um 2010 erklärte die Führungsetage Kundenbindung zum *Key Objective* (Kernziel) der Zukunft. Auf dem Weg dorthin erkannte sie den Wert des Cross-Selling. Wir kennen das aus dem Internet: Kunden, die das gekauft haben, haben auch das gekauft. Eine moderne Variante der Drückerkolonne. Ein Kunde mit nur einem Wells-Fargo-Produkt ist wankelmütig, doch je mehr Wells-Fargo-Produkte er im Portfolio hat, desto mehr Klebepunkte gibt es. Er kann kaum noch weg, wie die Fliege im Spinnennetz. Desto stabiler und profitabler ist also das Geschäft, das die Bank mit ihm macht. Als Optimum der Profitabilität und der potenziellen Unendlichkeit der Kundenbeziehung wurden acht Produkte errechnet, die jeder Kunde von Wells Fargo haben sollte. Das war mal eine einfache Botschaft und ein klares Ziel: »Eight is great« propagierte der CEO mit dem klangvollen Namen John Stumpf von nun an, und schrieb die Zahl in jede Zielvereinbarung. *Focus on the one thing.* Endlich mal ein *Key Performance Indicator*, den sich auch die Mitarbeiter merken konnten.

Und dann kamen die Realität und der menschliche Erfindungsgeist. Der Schritt von einem Produkt auf drei ist mühsam, aber machbar. Um den Sprung von drei auf fünf zu schaffen, muss der Wells-Fargo-Betreuer Produkte verkaufen, die nicht in erster Linie im Interesse seines Kunden sind. Der Sprung von fünf auf acht ist am Taschenrechner leicht, in der Realität aber nahezu unmöglich. Nur lässt ein KPI *(Key Performance Indicator)* nicht mit sich reden. Das Ziel ist das Ziel. Die Zahl machte Druck. Aber »Eight is great« aktivierte die kreative Lösungskompetenz der Mitarbeiter, wenn auch auf ganz unerwartete Weise. »Fake accounts« schienen der einzig mögliche Weg. Und so eröffneten die Bankberater Konten, von denen der Kunde nichts ahnte – allerdings in seinem Namen. Sie überwiesen, ohne dass es für den Kunden sichtbar wurde, von A nach B und zurück, sodass aktive Kontoführung und Nutzung intern dokumentiert wurden.

Das verschlang viel Zeit und führte zu steigender Selbstbeschäftigung. Klar: Es wurde gefordert, gemessen und auch geschafft. Alle Ziele wurden erreicht. Wie sich später herausstellte, jedoch mit 3,5 Millionen gefälschten Konten. John Stumpf wurde fristlos gefeuert, mit einem lebenslangen Berufsverbot in der Bankenbranche belegt und zusammen mit seinen Vorstandskollegen angeklagt. Er musste 17,5 Millionen Dollar Strafe zahlen. Peanuts gegen die fünf Milliarden Dollar Strafe, die Wells Fargo aufgebrummt bekam. Der Börsenkurs brach um vierzig Prozent ein, und die Kunden flüchteten in Scharen. Die Bank hat sich bis heute nicht davon erholt. Wenn die Ziele und die KPIs ein Eigenleben entwickeln und die eigentliche Unternehmensidee überlagern, setzt der Verstand aus. Das kann ein Unternehmen in Lebensgefahr bringen.

Wir lernen:
Das große Ziel ist keine Zahl.

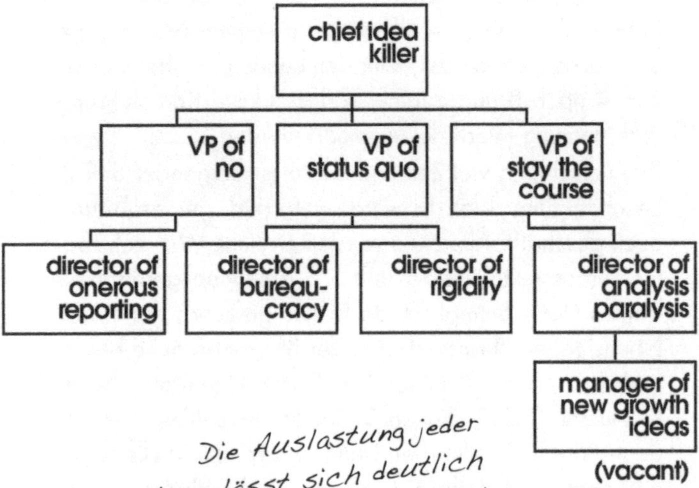

Die Auslastung jeder Abteilung lässt sich deutlich steigern, wenn sie sich statt mit Kunden, Innovation oder Produktion konsequent mit sich selbst beschäftigt.

Ein paar Seiten zur Unternehmenssteuerung

DER KASSENWART WIRD CHEF

»Die Aufgabe des Controllers ist es, sich Sorgen zu machen.«

(Rainer Steinkühler, Leiter Controlling Handelsblatt Media Group)

Mit den Zahlen ist das ja so eine Geschichte.
Es gibt Menschen, die lieben Zahlen. Wir wissen nicht, wer die Zahlen erfunden hat, aber die Sumerer aus dem alten Mesopotamien haben sie zuerst aufgeschrieben. (Die Erfindung der Null kam im Übrigen sehr viel später.) Seit über fünftausend Jahren helfen Zahlen in jeglicher Form uns dabei, das Denken und die Welt zu organisieren. Zahlen sind abstrakte Wesen. Es gibt sie heute in jeder denkbaren Ausprägung: natürliche Zahlen, abstrakte Zahlen, illusorische Zahlen, reelle Zahlen, negative Zahlen, positive Zahlen, unvorstellbar kleine Zahlen, unkalkulierbar große Zahlen. Und es gibt unendlich viele. Die Entwicklungssprünge der Welt sind ohne die Zahlen undenkbar. Um sie zu beherrschen, brauchen wir wahre Meister. Darum krönte die Schule die Mathematik zur Königsdisziplin. Sie wurde zum Fach aller Fächer. Im

ewigen Schulfachranking führt sie weit vor Sprachen und Lichtjahre vor Musik, Sport und Kunst. Wer gut rechnen kann, ist intelligent. Ein »Gut« in Mathe ist schon mal die halbe Miete, obwohl statistisch betrachtet nur eine Note. Als Vater von drei Kindern habe ich im Laufe der Jahre ein paar Monatsgehälter für Nachhilfe ausgegeben – aber nie einen Cent für Religion oder Handarbeit. Zahlen regieren die Welt.

Schon in meiner eigenen Schulzeit auf einem Gymnasium für Jungs und Mädchen waren die Rechenkünstler eine besondere Spezies. Sie gehörten grundsätzlich zu den Besten, sie sammelten Spitzennoten statt Klassenbucheinträge. Sie waren irgendwie mit dabei, aber sie standen nie im Mittelpunkt des Geschehens. Sie waren die Lieblingsschüler, und das aus gutem Grund, denn die Zahlenfreunde bewegten sich auch im Unterricht und in der Pause im gesetzten Rahmen. Mit ihnen fühlte sich der Lehrer auf der sicheren Seite. Nur eines ist nicht passiert: Die Herzen der damaligen »Bravogirls« sind ihnen nicht zugeflogen. Bei der Wahl zum »Bravoboy des Jahres« war die Mathezensur kein Kriterium. Das Beliebtheitsranking führten schon früher jene Charaktere an, die einen Hauch von Rebellentum versprühten – Mofabesitzer, Torschützenkönige oder Gitarrenspieler waren ganz weit vorne. Offensichtlich ist die Frage, wie man Menschen für sich gewinnt, nicht mit binomischen Formeln zu lösen.

Seit unserer Abifeier vor jetzt fast vierzig Jahren beobachte ich die Vertreter dieser besonderen Spezies mit Faszination und Anteilnahme. Sie bleiben sich treu. Im Tennisclub übernehmen sie zur Freude aller die Aufgabe des Kassenwarts. Sie haben einen Blick auf das Geld und behalten sogar die Zahlen hinter dem Komma im Auge. Der Club-Präsident gewinnt neue Mitglieder, neue Förderer und neue Aufmerksamkeit für seinen Verein. Der Kassenwart kümmert sich um die Finanzen, damit der Spielbetrieb weiterläuft. Eine Aufgabe, die er ohne großen Widerwillen jahrelang erfüllt, zur großen Zufriedenheit aller. Die Erbsenzähler sind eine Bereicherung, wir haben sie gerne dabei, denn wir fühlen uns mit ihnen auf der sicheren Seite, auch beruflich. Mit dieser Qualität wird der Finanzer im Laufe der Jahre zum wichtigsten Mitspieler des CEO. Er ist immer an seiner Seite und wird so auf leisen Sohlen zur rechten Hand des Unternehmenslenkers.

Auf dem Chefsessel saßen bis in die 1970er vornehmlich Menschen, die das Produktive gelernt und in sich hatten. Ingenieure waren zu jener Zeit sehr angesagt. Sie kannten sich mit den Produkten und der Verfahrenstechnik aus, liefen gerne und viel durch die Werkshalle, konnten Maschinen bedienen und führten Fachgespräche mit Mitarbeitern an Hochofen und Förderband. Der Chef nannte sich Direktor, und von allen Stakeholder-Gruppen waren ihm die Mitarbeiter am nächsten. Sein Büro war dekoriert mit Produkten, die er voller Stolz präsentierte, egal, ob Kugellager, Ölpumpe oder Wasserhahn. Man war, was man produzierte: ein Automann, ein Händler, ein Touristiker. (Frauen wurden damals, wie erwähnt, auf der Chefetage noch nicht gesehen – aber das ist eine andere, traurige Geschichte. Wir kommen später darauf zurück.) Noch griff die alte Industrielogik: Die Produktion war das Herzstück des Unternehmens.
Aber die Welt öffnete sich. Die Märkte wurden globaler. Und während der Chefingenieur sich um den Maschinenraum kümmerte, warf der Finanzer den Taschenrechner an. Es wurde outgesourct, die (Zu-)Lieferketten verliefen über den ganzen Globus und man optimierte, was das

Zeug hielt. Umsätze und Profit wuchsen in den Himmel und mit ihnen auch die Managergehälter. Der Erfindungsreichtum wechselte aus der Produktion in die Finanzabteilung. *Financial Engineering* wurde erfunden. Woran Magier und Alchemisten jahrhundertelang gescheitert waren, gelang jetzt den Zahlenzauberern: Sie entdeckten fast wöchentlich neue Formeln, um mit ihren Rechenkünsten neues Geld zu produzieren.

Unter dem Einfluss der Finanzabteilung verabschiedeten Unternehmen sich still und leise vom Produktionsbetrieb der Realwirtschaft. Die Finanzjongleure trugen zunehmend mehr zum Unternehmensergebnis bei – allerdings auf Feldern, die immer weiter weg vom ursprünglichen Daseinszweck des Unternehmens und von seinem Standort sind. Steueroasen, *Sale-and-lease-back*-Konstruktionen, kreative Abschreibungs- und Aktivierungsmethoden bringen heute schneller und vor allem mit geringerem Aufwand mehr Geld in die Kasse, als es das operative Geschäft oder gar schweißtreibende Arbeit je vermochte. Der Rückkauf eigener Aktien zur Pflege des Börsenkurses ist zur globalen Trend- und Managersportart geworden. Jedes große Unternehmen, das etwas auf sich hält, springt auf diesen Zug auf. Milliarden Euro werden in die Orderbücher gepumpt und dem Investitionsbudget, dem Personalbudget oder der Kapitaldecke entzogen. Stefan verdient jetzt Geld mit Geld. Magie pur. All die Mühsal der Produktionsjahre kann man sich jetzt sparen. Kleingeister wenden ein, dass dies mit dem eigentlichen Geschäftszweck des Unternehmens nicht mehr viel zu tun hat, doch das interessiert wahrlich niemanden. Textilhändler werden zu Immobilienkonzernen mit eingebauter Fashionabteilung. Zunächst unmerklich, aber mit eiserner Konsequenz wendet sich das Unternehmen von den Mitarbeitern und von den Kunden ab und der Investment- und Finanzindustrie zu. Der Finanzvorstand ist mittlerweile zum »Chief Financial Officer« mutiert. Mit der kernigen Namensgebung wächst auch sein Selbstbewusstsein. Ohne ihn läuft jetzt nichts mehr. Er ist ohnehin der Einzige, der noch durch den Finanzdschungel blickt und die Sprache seiner Kernzielgruppe, der Finanzwelt, spricht: Zahlen mit vielen Nullen.

Doch inzwischen ist die Welt VUCA (volatil, unsicher, komplex, *ambiguous* / mehrdeutig) und immer unkalkulierbarer. Das mögen Investoren und Banken überhaupt nicht. Wer je in einem globalen Konzern gearbeitet hat, weiß, wovon ich rede: von Typen wie Stefans amerikanischem Cousin Steve, dem globalen Finanzchef meines früheren Arbeitgebers, und seinem Poster »Der Plan ist das Ziel«. Sein Credo. Er hat es vielleicht auf dem Flohmarkt bei seinem letzten Berlin-Besuch erstanden. Es hing früher vermutlich im Büro eines DDR-Kombinatsleiters, aber das ist dem Funktionär des Finanzkapitalismus wahrscheinlich nicht aufgefallen. Stefan, Steve und seine Freunde verstehen da keinen Spaß. Um den Plan zu halten, wird alles gemacht – koste es, was es wolle. Selbst wenn es gegen das Interesse von Kunden, Mitarbeitern und die Zukunft des eigenen Ladens verstößt. Die Tage vor den Quartalszahlen sind Momente sprudelnder Kreativität. Aber ihr Einfallsreichtum kommt eher aus der Illusionskunst à la Siegfried und Roy – sie dient nur der optischen Täuschung. Wir blicken auf die Streckbank der Manager, die »Hall of Pain«: Als der Aufsichtsrat sie einstellte, war viel von »Kreativität« und »Innovation« die Rede – aber gefordert und von der Börse belohnt wurde dann doch nur der Kurs- und Dividenden-Lieferservice. Und kann man es nicht verstehen? Wenn man schon nicht die Märkte, die Kunden und die Welt im Griff hat, dann doch wenigstens die Zahlen. So gesehen ist es ganz logisch, dass in der nächsten Krise der Mann mit den Zahlen plötzlich auf den Chefsessel gehoben wird. Der CFO wird zum natürlichen Nachfolger für die Nummer eins. Der Kassenwart wird Präsident. Deutschland ist in dieser Disziplin übrigens weltweit führend. Kein anderes Land hebt mehr CFOs auf die höchste Stufe der Unternehmensleiter. (Der Fairness halber muss ich hier kurz zugeben: Es gibt auch CFOs, die mich überrascht haben und im neuen Job ganz neue Saiten aufziehen, wie der Telekom-Chef Timotheus Höttges. Aus dramaturgischen Gründen gehe ich aber wortlos darüber hinweg.)

Nun stehen also Menschen an der Spitze, die Zahlen lieben. Sie lesen mehr in Excel-Tabellen als in Büchern, was auch ihren Wortschatz prägt. Ihre steile Karriere gründet sich weniger auf tiefe Produktkenntnis, große Kundennähe, hohe Empathie oder starke kommunikative Fähigkeiten, als darauf, mit großen Zahlen jonglieren zu können, die Erwartungen der Finanzwelt zu treffen und den Plan zu erfüllen. Der Anforderungskatalog an den Chef und seine Jobbeschreibung haben sich verändert. Und nun geht es los. Angespornt durch den neuen Titel, legt sich der frischgebackene CEO mächtig ins Zeug. Jeder Cent wird umgedreht. Sparmaßnahmen werden ausgerufen: »Kein Euro verlässt den Raum!« Alles wird infrage gestellt, jeder Bereich und jede Planstelle hinterfragt. Dass er bereits jahrelang als rechte Hand mit am Steuer war, wird nicht thematisiert. Das patentierte Erfolgsrezept lautet: Alles kommt auf den Prüfstand. Oder auch: Wir behalten die Strategie bei, müssen aber effizienter werden. CEO für Anfänger. *Same procedure as every time.* Wir könnten die Lippen synchron mitbewegen. Was im Eifer des Antrittsgefechts allerdings gerne übersehen wird: Die forschen, fantasielosen Ankündigungen bilden den Moment, in dem der frischgebackene Chef seine Mitarbeiter verliert.

Als ich gerade Chairman von Grey in Deutschland geworden war, verkaufte Ed Meyer in New York die Agentur an die WPP Group, die größte Werbeholding der Welt. Für den neuen Eigentümer waren wir die größte Agentureinheit im zweitgrößten Markt. Wir riefen in London an und baten ihn nach Düsseldorf, um unsere gesamte Mannschaft offiziell willkommen zu heißen und in die Familie aufzunehmen. Der Wunsch stieß auf offene Ohren. Schon eine Woche später flog Sir Martin Sorrell, der weltweite Chef, mit dem frühesten Flieger aus Heathrow ein und umarmte uns mit folgender Begrüßung: »Good morning, you probably want to know why we bought you. Two reasons: Procter & Gamble and Nokia«, unsere wichtigsten Kunden. Und dann rechnete er uns vor, wie viel Einspar- und Wachstumspotenzial der Deal aus Sicht der WPP biete. Und hatte uns verloren, bevor er uns überhaupt eingruppiert hatte. Wir gehörten ihm, aber wir hörten ihm nicht mehr zu. Wir folgten ihm nur, weil wir es mussten, und nicht, weil er uns überzeugt und für eine gemeinsame Sache begeistert hatte.

Anders als der Zahlenliebhaber und seine Peergroup glauben, haben Zahlen keine verbindende Kraft. Sie stiften keinen Sinn, wecken keine Energie, und man kann nach Feierabend nicht fesselnd davon erzählen. Schon die ersten Höhlenmalereien der Menschheit, 30.000 Jahre alt, sind interessanterweise Bilder, keine numerischen Merkzettel. Und das übrigens in allen Höhlen rund um den Planeten: Frankreich, Russland, Afrika, Südamerika, Asien. Zahlen sind das, was sie immer schon waren: eine abstrakte Größe. Mit ihrer Hilfe die Welt, die Organisation und den Menschen zur Zusammenarbeit bringen zu wollen, ist zum Scheitern verurteilt. Die Pirahãs, ein Indianervolk am Amazonas, gelten als das glücklichste Volk unseres Planeten. Ihre Sprache kennt übrigens keine einzige Zahl – nur »viel« und »wenig«.

Zurück zu Stefan. Jetzt ist der Zahlenmann also ganz oben an der Spitze des Konzerns und seiner Karriere, und muss erkennen: All seine Taschenrechner und Kalkulationsprogramme bringen ihn hier nicht weiter. Wie soll er bloß so etwas wie Kampfgeist, Existenzangst, Durchhaltewillen und Unternehmergeist mit einrechnen? Dennoch krempelt Stefan die Ärmel hoch. Er ist entschlossen, die Zahlen ins Positive zu drehen – und steht dabei von vornherein auf verlorenem Posten. Denn er beginnt seinen Spitzenjob mit einem fundamentalen Denkfehler. Er glaubt, er ist verantwortlich für die Zahlen. Falsch. Er ist jetzt verantwortlich für die Menschen, die die Zahlen liefern. Ihre Fähigkeiten sind jetzt sein Kapital. Nur schrecklich, wenn es in seinen Händen totes Kapital wird. Die Person an der Spitze braucht ein Händchen für Menschen. Das ist der Unterschied zwischen Kassenwart und Präsident. Wie damals im Tennisclub.

Wir lernen:
Für das menschliche Vermögen hat nicht mal Adam Riese eine Formel.

Ein paar Seiten zur inneren Armut

GLEICHHEIT, SKALIERBARKEIT, ARMSELIGKEIT

»Wer nichts zur Lösung beiträgt, ist Teil des Problems.«

(McKinsey)

Komisch: Obwohl Führung zuallererst die Fähigkeit bedeutet, Menschen zu berühren und zu bewegen, scheinen Pädagogen, Philosophen oder Theologen dafür maximal ungeeignet. Sie schaffen es bei der Personalauswahl für höchste Managementposten nicht mal bis zum Vorstellungsgespräch.

Der Top-Floor wird vielmehr praktisch vornehmlich bevölkert von Zahlenmenschen und Juristen. Von Stefans in den besten Jahren. Achtzig Prozent aller Vorstände in Deutschland sind »frauenfrei«. Von anderen Kulturen, männlichen Ohrringträgern, Übergewichtigen oder Menschen nicht heterosexueller Orientierung ganz zu schweigen.

Ohne jeden medizinischen Eingriff ist es Stefan also gelungen, sich selbst zu reproduzieren – mentales Klonen. In der obersten Etage der Wirtschaft herrscht Monokultur vom Feinsten. Und so einseitig die Wirtschaftsspitze geformt ist, regiert sie auch unsere Welt. Ihr mathematischer

Dreisatz heißt: Wachstum, Effizienzsteigerung und Profitmaximierung. Sie werden von einer fremden Macht gesteuert, genannt: der Markt. Die Amerikaner sind darin die ungeschlagenen Meister aller Klassen. Sie setzen die globalen Benchmarks und werden in der Finanzwelt als nachahmenswertes Rollenmodell gefeiert. Setzen wir uns einmal auf die Zuschauertribüne und gucken uns das altbekannte Schauspiel an.

Kommen amerikanische Unternehmen ins Spiel, wird die Welt ärmer. Big Business geht stets auf Kosten der Vielfalt und Eigenart. Der italienischen Kaffeekultur setzen sie ihr Starbucks-Geschwader mit Pappbecher und Plastikdeckel entgegen. Amerikas magische Fähigkeit liegt nicht darin, eine neue Kaffeesorte zu entdecken, sondern im Erschließen bisher unentdeckter Erlösquellen. So packt die Starbucks-Aushilfe Bohnen im Wert von fünf Cent in die Maschine, presst heißes Wasser durch den Filter in den Pappbecher, schreibt mit Filzstift unseren Namen darauf, ruft diesen falsch und laut durch den Laden – und schon kostet uns dieses Lebensgeist-Elixier fünf Euro. Selbst der stets braun gebrannte Magier David Copperfield würde blass vor Neid: Wundersame Geldvermehrung in unter neunzig Sekunden. Als Werttreiber wirken dabei kostenloses WLAN und der bequeme Sessel, das globale Auffangbecken der *Gig Economy*. Diese lebt von »Selbstständigen«, die in Wirklichkeit moderne Nomaden sind, die sich von Auftrag (im Musikerjargon: »Gig«) zu Auftrag hangeln. Sie sind von ihrer Sehnsucht nach Freiheit getrieben und bleiben doch in ihrem Wunsch gefangen, nicht alleine zu sein.

Das, was maximaler Effizienz und der wahren Kostenoptimierung wirklich im Weg steht, sind die Mitarbeiter.

Der größte Kostenblock. Und außer dem vielen schönen Geld kosten die Mitarbeiter auch Nerven. Angestellte sind halsstarrig, krankheitsanfällig, werden schwanger, kennen ihre Rechte und lieben die Gerüchteküche. Und so ist Stefan vor einiger Zeit auf die Idee der *liquid workforce* gekommen. Die meisten kennen das Konzept noch unter seinem alten Namen: Leiharbeiter. In volatilen Zeiten sind feste, manchmal unauflösbare Arbeitsverträge der reinste Horror. Brechen die Märkte ein, kann Stefan kein Personal abbauen. Werden die Märkte dynamisch, kommt er nicht schnell genug an qualifizierte Kräfte. Die Zeit läuft immer gegen ihn. Das Optimierungsfeld ist gewaltig, finanziell und emotional. Jedes Unternehmen, das etwas auf sich hält, hat eine *liquid workforce* in der Hinterhand. Es ist einfach zu verlockend: Eine mobile Reservetruppe ist stets am Start; Stefan muss nur mit dem Finger schnipsen: *talent on demand.* Die Mitarbeiter werden je nach Bedarf ausgelagert und wieder reingeholt. Ein neuer Anbietermarkt ist entstanden: *Recruitment Process Outsourcing* (RPO) heißen die Leiharbeitsfirmen jetzt. Noch so ein schöner Begriff. Und das Schönste dabei: Manager und Personalabteilung müssen sich in Zukunft nur noch um eine einzige Sache kümmern, nämlich den Vertrag mit der RPO Company. Die lästigen Vorstellungsgespräche und die soziale Verantwortung für die zeitweiligen Mitarbeiter haben sie komplett outgesourct.
Die globalen Vorreiter aus dem Silicon Valley sind auch hier ganz vorne mit dabei. Google beschäftigt mehr »liquid and temporary workforce« (130.000) als feste Mitarbeiter (123.000), wie uns die *New York Times* 2020 wissen ließ. Die Gig Economy, in der die Mitarbeiter nur noch für Gastauftritte als Kleindarsteller gebucht werden, hat sich etabliert. Mit dem Versprechen von Freiheit und

Abenteuer gelingt es, junge und gut ausgebildete Gig Worker zu finden. Auf lange Sicht werden sie damit aufs Abstellgleis geführt.

Wirklich beflügelt wird die Fantasie der Börse und der Unternehmensstrategen allerdings erst durch die nächste Stufe: das *Extreme Outsourcing*. Uber und Airbnb zeigen uns, wie moderne Unternehmensführung geht: Wir haben die Daten, ihr habt die Arbeit. Ihr habt übrigens auch das Risiko und die Kosten und das Produkt. Nur ein Widerspruchsrecht habt ihr nicht. Das ist mal profitabel. Die Börse überschlägt sich vor Freude. Die Zukunft rechnet sich schön.

Was die Börse nicht sieht, ist die Lage vor Ort. In guten Zeiten ist immer alles gut. Aber es kommt die Probe aufs Exempel; das ist nur eine Frage der Zeit. In schwierigen Phasen kommen all die Dinge zum Tragen, die der Algorithmus und seine Freunde, die Programmierer, nicht auf dem Bildschirm hatten: Verbundenheit. Kampfgeist. Teamspirit. Opferbereitschaft. Wer eine Zwei-Klassen-Gesellschaft im Unternehmen hat, hat schon mal keine Einheit. Wie hoch ist die Loyalität derer, die dem Unternehmen keinen Original-Arbeitsvertrag wert sind, sondern nur die Sparversion? Wenn wie bei Google mehr als die Hälfte der »intellectual property« in fremden Händen liegt, sprudeln auch die Fehlerquellen. Es sammelt sich kein Erfahrungsschatz an, der im Laufe der Zeit zu einem echten Kapital wird, sondern das Wissen ist immer auf dem Absprung – eventuell direkt zur Konkurrenz. Und wenn, wie bei Airbnb und Uber, nicht die Company der Berührungspunkt zum Kunden ist, sondern der »Contractor«, ist das Geschäftsmodell anfälliger, als es die Plattform vorrechnet.

Neben der *liquid workforce* heißen die bevorzugten Waffen der amerikanischen Wirtschaftsstreitkräfte Skalierung, Convenience und Daten. Es muss einheitlich und in großem Maßstab geschehen, es muss bequem sein und es muss Informationen, neudeutsch Daten, generieren (die der gutwillige Kunde stets mit sich rumträgt und unbewusst preisgibt). Wir sind täglich live dabei und sehen, wie Jeff Bezos mit seinem Flugzeugträger Amazon einen Großteil der Einzelhändler vor den Augen der Öffentlichkeit versenkt. Die Corona-Krise treibt lokale Händler allerorten in Richtung Existenznot – und Amazon macht das Geschäft seines Lebens. Während die Menge in der Pleitewelle zu ertrinken droht, surft der reichste Mensch des Planeten auf der größten Erfolgswelle aller Zeiten. Wachstum und Profit seines Unternehmens springen auf unvorstellbare Höhen, was allerdings nicht zu höheren Steuerzahlungen führt. Die Shoppingfreunde in aller Welt winken dazu mit den Fähnchen und warten voller Vorfreude auf ihr Päckchen. *That's business.* Captain America ist der festen Überzeugung, dass jeder Aspekt des menschlichen Lebens durch Convenience und Standardisierung optimierbar ist. So wird unser Leben ganz nebenbei und ganz bequem zum Einheitsbrei.
Das Prinzip Convenience ist ein verführerisches Gift – es killt schleichend die Sinnlichkeit und die Vielfalt des menschlichen Daseins. Von den 6.000 Sprachen, die heute noch irgendwo auf unserem Planeten gesprochen werden, werden bis Ende des 21. Jahrhunderts neunzig Prozent stillschweigend verschwunden sein. *Google Translator* hilft uns zwar, Rotwein in jedem Land zu bestellen, aber wer je eine fremde Sprache gehört, gelernt und gesprochen hat, der begreift: Die Sprache und das Sprechen selbst sind der Schlüssel zum tiefen Verständnis meines

Gegenübers – seiner Kultur und seinem Alltag. Einzelne vom Programm vorgekaute Phrasen bringen uns einander nicht näher. All das geht uns und der Welt auf Knopfdruck unwiederbringlich verloren. Und wir alle arbeiten ganz bequem am Smartphone daran mit.

Das Bewusstsein dafür fehlt, vor allem in den Management-Etagen. Da sitzen schließlich die Macher und nicht die Grübler. Stefan sieht sich als Turbo der Effizienzmaschine. Dafür wird er schließlich bezahlt. Dass am Ende der Effizienzkette die innere Armut baumelt, klingt in seinen Ohren unlogisch. Sein Gehalt erhöht sich erwiesenermaßen stetig weiter – und zwar angenehmerweise völlig losgelöst davon, wie sich der Markt und das eigene Unternehmen entwickeln. Die zeitlich befristeten Managerverträge orientieren sich nicht an langfristigen Nach- und Nebenwirkungen, sondern an aktuellen Quartals- und Jahresergebnissen. Das Führungsprinzip unserer Zeit heißt daher: Nach mir die Sintflut. Und so übt Stefan sich vornehmlich in mathematischer und buchhalterischer Magie. Effizienz ist die übernatürliche Fähigkeit, das Ergebnis zu steigern, indem man Dinge, Menschen und Zukunft einspart.

Doch selbst die längste Optimierungsschraube lässt sich nicht ewig weiterdrehen. Die Luftfahrtindustrie kennt die Gefahr: »Coffin Corner«, die Todeszone, nennt der Flugkapitän die Herausforderung, in maximaler Höhe zu fliegen, um in der dünneren Luft dort oben Treibstoff und damit Kosten zu sparen. Gleichzeitig muss sein Flugzeug an Geschwindigkeit zulegen, sonst wird nicht genügend Auftrieb erzeugt und der Strömungsabriss droht. In dieser Todeszone bringt jede kleine Turbulenz Maschine, Crew und Passagiere in Lebensgefahr. Senkt sich die Nase, ist der Absturz vorprogrammiert.

Stefan ist von Berufs wegen zwar Vielflieger, aber er hat keinerlei Notfallplan für den Fall, dass sein Unternehmen, das er in die höchsten Höhen gesteuert hat, in Turbulenzen gerät. Nehmen wir als Beispiel den Kapitän des europäischen Großraumfliegers namens »Tönnies«. In der Corona-Krise ist dem Mann sein gnadenloses Gewinnmaximierungsprojekt krachend um die Ohren geflogen. Er verdient sein Geld mit Schweinefleisch. Dafür hat er in Rheda-Wiedenbrück den effizientesten Schlachtbetrieb des Kontinents ins Land gestellt. Leiharbeiter schlachteten und zerlegten dort Schweine in ihre Bestandteile. 20.000 Tiere jeden Tag. 834 pro Stunde. Dreizehn Schweine pro Minute. In der westfälischen Winslow-Taylor-Gedächtnishalle sehen wir Fließbandarbeit in ihrer effizientesten Form. Die (Leih-)Arbeiter wetzen ihre Messer Schulter an Schulter und werden nach getaner Arbeit wieder in ihre Sammelunterkünfte gepfercht, bis zur nächsten Schicht. Zur Massentierhaltung kommt hier die Massenmenschhaltung. Endoptimiert konnte Tönnies dem gewaltigen Kostendruck der Discounter mit ihren wöchentlichen Lockvogel-Billigangeboten standhalten und sorgte mehr als jeder andere im Land dafür, dass ein Kotelett zum Schnäppchenpreis auf den Grill kommen konnte. Bis im Juni 2020 ein Virus an die Tore seiner Schlachthallen klopfte.

Innerhalb von Tagen kippte das System. Höchste Effizienz ist von Natur aus auch höchst störanfällig. Sicherheitsreserven räumlicher, zeitlicher, finanzieller und menschlicher Art wurden schon seit Jahren eingespart und outgesourct. So auch bei Clemens Tönnies. Der Corona-Massentest zeigte: Über 1.500 Arbeiter hatten sich mit dem Virus infiziert. Die Fabrik wurde stillgelegt, fast 7.000 Schlachter mussten in Zwangsquarantäne, der

Kreis Gütersloh wurde zur No-go-Area und zum Objekt weltweiter Berichterstattung und Reisewarnungen. Clemens Tönnies hat höchst effizient ein Milliardenvermögen aufgebaut und dabei unbedacht den Super-GAU vorbereitet. *Tagesschau* und *Bild* waren vor Ort dabei, als sein Vermögen und seine Reputation implodierten. Der Unternehmenswert schmolz in den Wochen der Stilllegung zusehends, das Vertrauenskapital von Mitarbeitern, Öffentlichkeit und Politik – vom Bürgermeister bis zum Ministerpräsidenten – löste sich innerhalb von Tagen in Luft auf. Selbst bei seinem Herzensprojekt, dem FC Schalke 04, für den er fast zwanzig Jahre lang jedes Wochenende geopfert hatte, musste er vom Platz. (Vermutlich hatte der Controller des Unternehmens für diese Art unkalkulierbarer Nebenkosten kein Kästchen in seiner Excel-Tabelle.) Klar ist schon jetzt: Der Primat der unendlichen Kostenreduktion ist das Unternehmen und den Unternehmer teuer zu stehen gekommen. Denn Vertrauen und Ansehen lassen sich schwer quantifizieren – aber wenn sie weg sind, spürt der Manager: Sie waren Gold wert.

Stefan und Kollegen haben die Effizienzschraube überdreht. Es scheint, als habe sich gerade die junge Generation an den Erzeugnissen der Massenproduktion sattgesehen und entwickle nun eine neue Sehnsucht nach dem Natürlichen, Akzeptablen und Individuellen. Der Lieblingskunde der Vereinheitlichungsindustrie, Max Mustermann, hat ohnehin nur auf Anmeldeformularen für Kreditkarten existiert. In der Realität ist er nie angekommen. Der Kulturwandel bleibt nicht ohne Folgen: Die Großen werden urplötzlich angreifbar. Was Militärs kennen und fürchten, scheint nun auch auf die Wirtschaft übertragbar: Guerillataktik gegen numerische Überlegenheit. General Mark Milley, Chef des Vereinigten US-Generalstabs, kann sicher ein Lied davon singen. Er führt die modernste, bestausgerüstete Armee der Welt und hat ein Problem. Auf der anderen Seite gibt es keinen klar erkennbaren und hierarchisch organisierten Gegner mehr, keine Organisation, keine eindeutige Kommandozentrale. Wie und mit welchen Waffen kämpfst du dann? Die neue Bedrohung geht von freien Radikalen aus, die unkoordiniert, eigenständig und vielschichtig agieren und auf diese Weise unkalkulierbar werden. Selbst Carl von Clausewitz wäre mit seinen Weisheiten am Ende, denn die alte Dominanzstrategie erschreckt heute niemanden mehr.

Auch in der Wirtschaft blasen jetzt also kleine unorganisierte Freiheitskämpfer zum Gegenangriff auf scheinbar übermächtige Gegner wie den weltgrößten Nahrungsmittelkonzern Nestlé oder L'Oréal, den Weltmarktführer der Kosmetikindustrie. Beruhigenderweise tragen die Angreifer lange, gepflegte Vollbärte, farbenfrohe Unterarmtattoos und sind von ausgeglichener Natur. Hipster, die dafür kämpfen, die Vielfalt ins Leben zurückzubringen. Sie zelebrieren Kaffee in nie gekannten Formen, erfinden das Friseurwesen neu, die Bierkultur und den gesunden Snack für zwischendurch, vegane Mode und Personal Coaching. Influencer und Blogger werden zu Geheimwaffen und starten ihre Angriffe aus dem sozialen Dickicht. Im November 2019 verkaufte die zwanzigjährige Kylie Jenner, junger Spross des Kardashian-Clans, 51 % ihrer 2015 gegründeten Kosmetikmarke *Kylie Cosmetics* für 660 Millionen Dollar an *Coty Inc. Profit made by Personality.* Um die jüngste Selfmade-Milliardärin aller Zeiten zu werden, brauchte sie keine Marketingabteilung und keine Werbebudgets, keine Kaufhäuser oder SEO-

Optimierer. So etwas treibt selbst Jean-Paul Agon, CEO des größten Kosmetikherstellers der Welt, Sorgenfalten auf die Stirn. Während die Businessetage noch in den Kategorien Masse, Skalierbarkeit und Kostenoptimierung rechnet, drehen die Hipster, Influencer, Millennials und Blogger den Spieß kurzerhand um. Sie kämpfen nicht um das günstigste Angebot, sondern um die Einzigartigkeit, die nicht zu kopieren ist.
Während die einen immer noch mit Kanonen auf Spatzen schießen, bieten die Guerilla-Ökonomen den Spatzen viele kleine Körnchen an. Mal sehen, wie nachhaltig diese Strategie ist und wie treu sich die neuen Anbieter auch in Zukunft bleiben können.
Darwin is back in business. Vielfalt schlägt Einfalt. Im Kampf David gegen Goliath gewinnt David immer die meisten Sympathiepunkte. Aber unterschätzen wir die Großmächte nicht. Im Zweifel locken sie die Kleinen mit Geld an und schlucken sie dann einfach. Wir bleiben gespannt.

Der Kultursprung wird in Stefans Umgebung allerdings kaum wahrgenommen. Wie auch? Seine Welt sieht anders aus. Wer heute durch die Bürolandschaft der Republik rollt, der sieht moderne Funktionsware vom Feinsten. In der großen Empfangshalle der Konzernzentralen erkennt man nicht mal ansatzweise, in welcher Branche das Unternehmen tätig ist. Automobil? Handel? Pharma? Konferenzräume, Bürofläche und Cafeteria dokumentieren das große Einerlei. Pflanzen haben schon lange keine Aufenthaltsgenehmigung mehr in der produktiven Wirtschaftswelt. Die vereinzelten Sammlungen alter Überraschungsei-Figuren auf den USM Haller Sideboards sind die letzten Überreste von Menschlichkeit, die uns noch ab und an begegnen. Aber der, dem die Figuren gehörten, setzt sich inzwischen jeden Morgen an einen anderen Arbeitsplatz. Oder er sitzt im Homeoffice.

Die natürliche Überlegenheit der Vielfalt funktioniert seit Millionen Jahren und bis zum nächsten Kometeneinschlag. Doch irgendwann nahm ein Stefan die Dinge in die Hand. Er machte sich ans Werk – und bald herrschte die große Einfalt. Anders als Mutter Natur sorgt der *homo productivus* für eine gepflegte Monokultur – ganz effizient und profitabel. Die Landschaft, die Geschmacksnerven und unser Wortschatz veröden. Der Mensch agiert und züchtet zielgenau und produziert damit vor allem eins: innere Armut. Und das beginnt sich nun zu rächen.
Die Unternehmen sind selbst schuld – und in großer Gefahr. Ihre Ausbildungs- und Aufzuchtstationen sind noch für die alte Welt der Optimierung und Skalierung gebaut. Mit diesem Handwerkszeug ist die nächste Generation dem Untergang geweiht. Und das Unternehmen auch.

Wir lernen:
Die Steigerung von Effizienz heißt Ende.

Ein paar Seiten zur Unternehmenskultur

DER MANAGER: AUFZUCHT UND HEGE

»Ich habe gelernt, dass man niemals zu klein ist, um etwas zu bewirken.«

(Greta Thunberg)

Werfen wir einmal einen Blick auf die unternehmerische Findung und Formung der nächsten Managergeneration. Anders als manche vermuten mögen, ist der Beruf des gut bezahlten Managers oder Controllers kein Kindheitstraum. Selbst für die Stefans dieser Welt nicht. In jungen, fantasievollen Jahren erträumen wir uns vielmehr ein Leben als Astronaut, Cowboy, Pilotin, Delphintrainerin, Rennfahrerin oder Fußballprofi. Neuerdings auch als Influencer (siehe Kylie Jenner) oder Instagram-Star (wie die Zwillinge Lisa und Lena).

Genau genommen findet die Metamorphose in die Austauschbarkeit etwa eine Woche vor dem Abitur statt – wenn die Fragen der Eltern, Onkel und Tanten nach den Zukunftsplänen immer drängender und die Verlegenheit immer größer wird. Ein Großteil der nachwachsenden Talente hatte keine Chance, in der Schule seine Begabungen zu entdecken – was an der Abwesenheit jeglichen

Talents liegt. Und zwar nicht dem der Jugend, sondern der Schule, des Systems und einiger seiner Lehrkörper, die Begabungen ihrer Schüler zu entdecken oder zum Blühen zu bringen. Und so entscheidet sich der größte Teil der jungen Köpfe für das BWL-Studium. »Damit macht man nichts falsch, und dir stehen weiterhin alle Wege offen«, lautet die allseits gebräuchliche Beruhigungsformel. Seit Jahren führt BWL die Beliebtheits- und Beliebigkeitsskala aller Studienfächer an. Platz eins bei Frauen und bei Männern. Mit dem Auszug aus dem Kinderzimmer in die Hörsäle passiert alljährlich etwas Interessantes: Eine Viertelmillion kunterbunter Persönlichkeiten, zu Lebensfreude und -energie fähiger junger Menschen, verwandelt sich in Lemminge. Und marschieren im Gänsemarsch alle in dieselbe Richtung. Was aber, wenn die Zukunft aus einer ganz anderen Ecke kommt?

Abitur, Studium an einer Eliteuniversität, Auslandsaufenthalte, drei Fremdsprachen und nachweisliches soziales Engagement gelten als Mindestanforderungen, damit aus dir was wird – zumindest in den Unternehmen, die etwas auf sich halten. Auf dem Weg Richtung Karriere gleichen sich Kandidaten und Ausbildungsnachweise immer mehr an. Junge Talente werden nach allen Regeln des Assessments auf Herz und Nieren geprüft und bereiten sich ab hier nach Kräften vor – nicht auf das Leben, sondern auf die Bewertungsbögen der Personalentscheider. Womit das Problem beginnt. Statt Breite und Vielfalt kommen Spitze und Einförmigkeit ins Unternehmen. Karriere braucht langfristige Planung. Ein absurdes Vorhaben in einer Welt, die sich täglich neu erfindet. Als ich mich an meinen ersten Schreibtisch setzte, war über die Hälfte der Jobs von heute noch nicht erfunden. Nicht mal im Traum hätte ich mir Berufe wie Digital Evangelist, Drohnenpilot oder veganer Milcherzeuger ausmalen können. Geschweige denn die Herausforderung, aus einer ins Homeoffice diffundierten Belegschaft ein schlagkräftiges Team zu formen oder durch einen Shitstorm zu manövrieren, ohne darin unterzugehen. Und kein Outside Meeting hat mich auf mein Gespräch mit einer der besten Mitarbeiterinnen und ihren Wunsch nach *social freezing* (das Einfrieren von Eizellen) für die bessere Vereinbarkeit von Karriere und Familie trainiert. War alles nicht vorgesehen in meiner planwirtschaftlichen Vorbereitung auf Top-Führungsaufgaben im Kriterienkatalog von 1990.

Zum Ende der Hochschulphase sind die geforderten Lebensläufe dann hochglanzpoliert, als habe der Managernachwuchs schon im Mutterleib entschieden, diesen gottgegebenen Karriereweg einzuschlagen. Wer hingegen dem Fluss des wahren Lebens mit all seinen unvorhersehbaren Schleifen gefolgt ist, reibt sich angesichts dieser schnurgeraden Lebenswege verwundert die Augen. Unser Leben ist eine Aneinanderreihung von wunderbaren Zufällen, die uns als Mensch und Persönlichkeit zur Blüte bringen. Doch im Assessment-Center gelten andere Regeln. All das, was einen Menschen einzigartig und damit menschlich macht, erhält in der karriereoptimierten Ausbildungstabelle den Wert null. Oder sogar Abzüge in der B-Note. »B« für »Bewerbung«.

Wenn wir aber nicht genau wissen, welche Fragen und Herausforderungen die Zukunft so bringt, wird ausgerechnet die Unterschiedlichkeit ein Zentralschlüssel zum unternehmerischen Erfolg. Je gemischter, bunter und diverser das Team, desto größer die Chancen, auf sprunghafte Veränderungen der Bedingungen zu reagieren. So allerdings denkt der Personalentwickler nicht. Er ist unter Druck. Der »war of talents« ist eins der entscheidenden Schlachtfelder im Wettstreit um die Umsätze von morgen. Wer die besseren Leute hat, hat die bessere Zukunft – ein einfaches Rechenmodell. Umso praktischer, wenn das »Besser« sich mathematisch gut berechnen lässt: schneller (studiert), mehr (Praktika), besser(e) (Noten) und weniger (Lücken im Lebenslauf).

Wir könnten das natürlich auch anders bewerten: »Schneller studiert« heißt »überehrgeizig«, eine »Lücke im Lebenslauf« verbirgt einen horizonterweiternden Einsatz, etwa bei der Pflege der Oma, oder eine Entdeckungsreise – zu fremden Kulturen oder zum eigenen Ich. Menschen mit unbezahlbaren und kostenlos zu habenden Erfahrungen außerhalb der Firmenmauern, die das Kompetenzspektrum des Unternehmens vergrößern könnten, werden von den Personalern aussortiert. Schema F wie »Fehler«.

Die streng nach Tabelle Auserwählten dürfen nun ihren Fuß auf die unterste Sprosse der Karriereleiter setzen. Die Personalabteilung presst sie in *ihr* Schema F (wie »Führung«), und der vorgegebene Entwicklungsplan schiebt sie allmählich nach oben. Jedenfalls, wenn sie stromlinienförmig genug sind, um im Karrierekorridor nirgends aufzufallen oder gar anzuecken. Statt lebendige Vielfalt formen Unternehmen so elitäre Einfalt. Was für ein Fehler. Das Förderungsprogramm der Organisationen ist stets auf den Messbereich zwischen Potenzial und Performance ausgerichtet. Abweichler fallen durchs Raster. Statistiker lieben die Ideallinie und rechnen Außenseiter sicherheitshalber raus. Persönlichkeiten, die Dinge anders sehen und Innovationen treiben könnten, werden systemisch eliminiert.

Albert Einstein und Richard Branson entsprachen nicht den Anforderungen der Ausbildungswege zu ihrer Zeit und galten als hoffnungslose Fälle. Winston Churchill galt als talentfrei und notorischer Sitzenbleiber, bevor er einen Literaturnobelpreis gewann und von der Queen zum Ritter geschlagen wurde. Und Großbritannien durch den Zweiten Weltkrieg führte – nicht zuletzt durch die Wirkungsmacht seiner Worte. Der ehemalige Lufthansa-Finanzvorstand und Merck-Aufsichtsratschef Karl-Ludwig Kley hasste die Schule und schrieb im Abitur eine Fünf minus. Ein menschliches Potenzial mit Zahlen zu beschreiben, um Erfolgswahrscheinlichkeiten für ein ganzes Leben daraus abzuleiten, gleicht einer Rechnung mit Abertausenden von Variablen. Unterm Strich kommt gar nichts dabei heraus. Wenn ich mich bei meiner Frau mit Assessment-Center und Lebenslauf beworben und die Zeugnisse meiner Ex-Freundinnen in die Bewerbungsmappe gelegt hätte, hätte ich die Stelle vermutlich nicht bekommen. Nicht mal ein Vorstellungsgespräch.

Zurück zur Arbeit. Seit es Karriereleitern gibt, müssen die ersten Stufen durch Lernwilligkeit und Schweiß erklommen werden. Stefan lernt das Handwerk (beziehungsweise Kopfwerk) im Unternehmen von der Pike auf. Ziel ist das Übererfüllen der in ihn gesetzten Erwartungen. So strampelt sich das junge Talent aus der Menge hervor, rutscht dank des Jahresgesprächs in die Kategorie »rising star« und wird zur Beförderung weiterempfohlen. Je besser seine Entwicklung in die dafür vorgesehenen Kästchen passt, desto reibungsloser läuft die Karriere.
Der solchermaßen eingenordete Jungmanager wechselt nun auf die Überholspur: Der Karrierepfad wird zur beruflichen Laufbahn. Ab hier rennt er durchs Leben. Und die

über Jahre erlernten Denkmodelle und Belohnungssysteme brennen sich immer tiefer ein.
Irgendwann hat das eifrige Wesen sich so lange durch die Kästchen der Beurteilung nach oben gestrampelt, dass es Führungsverantwortung bekommt: Einige Mitarbeiter werden ihm zugewiesen. Der stolze Neuvorgesetzte konzentriert sich auf die Lektionen, die er am eigenen Leib erlebt hat, um diese eins zu eins in die Köpfe zu implantieren. Etwas anderes kennt er ja nicht. Wer nicht in sein erlerntes Vorstellungsraster passt, dem geht es wie Walt Disney. Mickey Maus' leiblicher Vater wurde von seinem Arbeitgeber auf die Straße gesetzt. Sein Chef befand, er habe zu wenig Fantasie.
Das hier dargestellte Manager-Kopierprogramm hat im Industriezeitalter funktioniert – aber in unseren Tagen von Innovation und Disruption führt es schnurstracks in die Sackgasse. Der Vorgesetzte wird im Laufe der Zeit zum Bremsklotz zukünftiger Entwicklung. Je weiter sich die neue Welt vom eigenen Erfahrungshorizont entfernt, desto größer werden die Beharrungskräfte. Unser Planet macht Gedanken- und Entwicklungssprünge, der Chef macht aber nicht mit. Douglas Adams hat das wunderbar auf den Punkt gebracht: »Alles, was schon da ist, wenn man geboren wird, ist normal. Alles was erfunden wird, während man zwischen 15 und 35 ist, ist neu, revolutionär und unglaublich spannend. Alles, was erfunden wird, wenn man die 35 überschritten hat, empfindet man als Verstoß gegen die natürliche Ordnung der Dinge und als das Ende der Zivilisation.«

Manager lieben das Wort »Wissensvorsprung«. Wenn sich allerdings die Welt auf den Kopf stellt, kann »Unwissen« ein echter Wettbewerbsvorteil werden. »In Zeiten raschen Wandels können Erfahrungen dein schlimmster Feind sein«, hat uns schon vor über einem halben Jahrhundert Martin Luther King Jr. gepredigt. Erfahrungen sind – anders als der Experte denkt – kein Weitwinkelobjektiv, sondern wirken in den meisten Fällen eher wie Scheuklappen. Wir kennen sogar den nicht augenärztlichen Terminus: die Betriebsblindheit. Aspekte außerhalb des eigenen Blickfeldes nehmen wir nicht mehr wahr. Ein Kopf, der denkt, er wisse schon alles, ist unfähig, dazuzulernen. Habe ich die Auflösung des Films schon vor dem Kinobesuch im Internet gelesen, wird die Flamme der Vorfreude zur Energiesparlampe. Wissen löst Interesse und Faszination in Luft auf. Wir erkennen diesen Sehfehler, wenn Unternehmen aus dem Nichts überholt werden. Nokia übersieht Klapphandy und Smartphone, die deutsche Autoindustrie das E-Auto und Tchibo die Kaffee-to-go-Welle.

Bei den Platzhirschen erlischt die Neugier; das Misstrauen gegenüber Veränderungen wird zum Bremsmechanismus, der sich systemisch durch das gesamte Unternehmen zieht. Und je weiter oben die Bremse sitzt, desto stärker die Wirkung.

Oft läuft es ja so: Der langjährige Vorstandsvorsitzende scheidet irgendwann aus, muss zwei Jahre lang ins Abklingbecken und kehrt dann als Vorsitzender des Aufsichtsrats an den Entscheidungstisch zurück. Das verändert den Energiehaushalt der Organisation meist nicht zum Besseren. Der Besserwisser ist zurück – aus unternehmerischer Sicht ein problematischer Schachzug.

Die Wirtschaftsmedien sind voll mit Artikeln über gescheiterte Nachfolgeregelungen, wobei uns die Familienunternehmen oft die bizarrsten Geschichten liefern. Der Neue hat seine Schreibtischschublade noch nicht ganz eingeräumt, schon hat man sich wieder getrennt – im besten Einvernehmen, aber eben leider mit unterschiedlichen Vorstellungen zur künftigen strategischen Ausrichtung des Unternehmens. Der berühmte Nasenfaktor – sie passte dem Firmen- und Familienpatriarchen nicht. Der frühere Deutsche-Bank-Chef Josef Ackermann formulierte in trauter Runde einmal schmunzelnd: »Du triffst immer zwei Flaschen in deinem Leben. Deinen Vorgänger und deinen Nachfolger.« Genau genommen sucht der Inhaber nur eine jüngere Kopie seiner selbst – und ist gleichzeitig überzeugt, dass es so etwas wie ihn nicht nochmals geben kann.

Aber auch in anderen Unternehmen entsteht oft ein blinder Fleck auf der Netzhaut, eine Art grauer Star. Man verliert die Scharfsicht auf das, was aus der Ferne kommt und keinen Stallgeruch hat. Klingt absurd, ist aber Alltag. Unternehmen machen sich auf in neue Welten, wollen aber den Anker nicht lichten. Der Weg vom Unternehmen zum Industriemuseum ist kürzer, als wir denken. Nostalgie ist ein Geschäftsmodell, das nur bei Manufactum und bei Dr. Oetkers Backmischung funktioniert.

Stefan und seine Managerkollegen sind darauf trainiert, sich auf ihren Kopf und ihre Tabellen zu verlassen. Sie haben Erfahrung und wissen, wie der Hase läuft, aber sie haben verlernt, auf das »Bauchgefühl« zu hören. Wenn es zu neuen Herausforderungen abseits des Gelernten kommt, wird es schwierig. Ohne eine funktionierende Intuition lässt sich kaum etwas von Bedeutung entscheiden. Zu den guten Gründen muss immer auch das gute Gefühl kommen. Doch PowerPoint löst keine Gefühle aus. Es kommt zum Papierstau in der Entscheidungsvorlagen-Mappe.

Fatalerweise verschreiben Aufsichtsgremien sich jedoch im Zweifel lieber dem Zahlenhengst als dem Bauchmenschen. Kostenkontrolle schlägt Zukunftsvision. Sicherheitshalber legt man die Geschäfte in bewährte Managerhände, damit diese die Zahlen und die Märkte in den Griff kriegen mögen. Steve Jobs hatte Apple zwar gegründet, aber das schützte ihn nicht vor dem Verwaltungsrat. Er verließ Apple gezwungenermaßen, und der erfahrene PepsiCo-Manager John Scully übernahm die Geschäfte. Das hat die Situation nicht besser gemacht. Mit Jobs gingen auch die Jobs. Zehn lange Jahre später wurde der Gründer zurückgeholt. Scully hatte in Apple einen Kostenapparat gesehen. Steve Jobs sah in seinem Unternehmen die Möglichkeit, die Welt zu verändern. Scully wandte sich den Zahlen zu, Jobs blickte Richtung Kunde und Zukunft. Steve Jobs hat Apple dann bekanntlich zurück auf die Erfolgsspur geführt, das wertvollste Unternehmen unseres Planeten mit einem Wert von über 2000 Milliarden Dollar geformt und unser Leben für immer verändert. Seitdem streicheln wir unsere Handys öfter als unsere Kinder.

Die unternehmerische Menschenauswahl zu Beginn sowie die jahrelangen Prägungen und Belohnungssysteme führen dazu, dass die Spitzen der Unternehmen austauschbar werden. Sie werden zu Stefans: alle männlich, Ende vierzig, glatt rasiert und von schlanker Statur. Sie wirken wie aus dem Katalog einer Castingagentur entsprungen. Die Selbstähnlichkeit ist frappierend. Claus Klebers jüngere Brüder sitzen an den Hebeln der Macht. Sie sind aus demselben Hartholz geschnitzt, sogar ihre Hobbies (Marathonlauf) und ihre kokett präsentierte »größte Schwäche« (Ungeduld) sind die gleichen. Der kleine Dicke mit Vollbart, die ältere, klügere Schwester und der Heavy Metal hörende Digitalexperte dürfen gar nicht erst aufs Spielfeld.

Doch die Zukunft braucht den Unterschied. »Great minds DON'T think alike« sollte es heißen. Mit Blick in die Geschäftsberichte und die Homepages möchte ich hinzufügen: »... and they don't look alike«. Die Krawatte in Konzernfarbe und der ernste Gesichtsausdruck, fotografiert vor diffusem Hintergrund, erfüllt diese Bedingung nicht.

Ich gebe zu: Die Herausforderung ist gewaltig. Das, was Stefan an die Spitze des Unternehmens gebracht hat, bringt ihn keinen Schritt mehr weiter. Gerade diese endgeformte Spezies ist deshalb jetzt gefordert, genau das Modell, das ihren Erfolg ermöglicht hat, zu sprengen. Sie müssten zu Schumpeters Masterclass der schöpferischen Zerstörung werden und völlig neue Verhaltens- und Denkweisen sowie Fähigkeiten entwickeln: für sich selbst, für die nächste Führungsgeneration und für das gesamte Unternehmen. Das Zeitfenster der schöpferischen Zerstörung ist klein. Wenn die radikale Änderung nicht gelingt, hat die darauf folgende Generation plötzlich einen anderen Job: als Trümmerfrau oder -mann oder als Hausmeister, der das Licht ausmacht.

Damit der Wandel gelingt, müssen die Herren in der C-Etage einen wohlwollenden Blick auf das werfen, was man früher Mittelmanagement nannte. Das ist der Brutkasten der neuen Führung. Und das tägliche Tun ist die wirkungsvollste und prägendste Lernmethode.

Ja, Vorbilder wirken Wunder. Was aber, wenn es für nachwachsende Kräfte keine realistischen Vorbilder mehr gibt, weil die alten Hasen an der Spitze wie aus der Zeit gefallen wirken? Sie können dann nur noch einen vorbildlichen Akt vollbringen, nämlich beiseitetreten und Platz schaffen für das Neue.

Wir lernen:
Der Unterschied macht den Unterschied.

Der sicherste Weg erfolgreich zu sein ist: schwimmen Sie einfach im Strom der Erfolgreichen mit und versuchen Sie zu sein wie Ihr Vorbild.

Ein paar Seiten zur Persönlichkeit

MACHT MACHT EINSAM UND EIN BISSCHEN IRRE

»Wir sind alle Würmer. Aber ich glaube, dass ich ein Glühwurm bin.«

(Winston Churchill, britischer Premierminister)

Das Leben auf der oberen Etage bleibt nicht ohne Wirkung. Die Kraft der Macht formt den Menschen – und manchmal deformiert sie ihn auch.
An dieser Stelle eine heute peinliche Information vorab: Mit meinem vorherigen Unternehmen, der Handelsblatt Media Group, bin ich aus Kostengründen zu Wirecard gewechselt. Wir waren vom günstigen Preis angetan. Ich kann und will also keineswegs behaupten, dass ich die ganzen Stefan-Fehler, die ich in diesem Buch thematisiere, vermieden habe. Und Kosten sparen ist immer sehr verführerisch. Vielleicht noch unangenehmer: Unsere Redaktion, immerhin die größte und renommierteste Wirtschaftsredaktion des deutschsprachigen Raums, hat den Wirecard-CEO Markus Braun mehrfach zum Interview und auch auf die große Bühne des Handelsblatt-Bankengipfels gebeten. Ein neues Gesicht, eine große Wachstumsgeschichte, ein Hoffnungsträger der *new economy* in

der *old industry*. Da konnten wir nicht widerstehen. Wirtschaftsredakteure, die professionell darauf trainiert sind, den stets schöngefärbten Unternehmensdarstellungen zu misstrauen und auf den Grund zu gehen, haben die größte Betrugsgeschichte der letzten fünfzig Jahre nicht gewittert und in den Interviews keine Ungereimtheiten aufgespürt. Peinlich, aber wahr. Und ich versichere Ihnen: Diese Redakteure verstehen ihren Job. Wie also können Mitarbeiter, Medien, Investoren derart getäuscht werden?
In einer Landschaft, die geprägt war von klassischen Bankern der aussterbenden Art und eher durch Filialschließungen und Rechtsstreitigkeiten von sich reden machte als durch Innovationen und Dynamik, erschien CEO Braun als Heilsbote einer neuen Zeit. Während die Commerzbank aus dem DAX fiel, stieg Wirecard in die höchste deutsche Börsenliga auf. In fünf Jahren versiebenfachte sich der Börsenwert; das Unternehmen war 2019 mit 23 Milliarden Euro höher bewertet als die Deutsche Bank. Das Kurs-Gewinn-Verhältnis lag bei utopischen 75. Das bedeutet: 75 Jahre lang hätte Wirecard denselben Gewinn pro Aktie abliefern müssen, damit der aktuelle Kurswert erreicht wäre. Zum Vergleich: Das von Siemens beträgt 15. Der Fantasie waren keine Grenzen gesetzt. Und der Blase auch nicht.
Am 23. Juni 2020, als die Aktie schon ins Rutschen gekommen war, versilberte der CEO, der auch größter Anteilseigner war, fünf Millionen Aktien für 155 Millionen Euro. Ein paar Tage später brach die Wirecard-Scheinwelt völlig in sich zusammen – wobei es sich eigentlich eher um eine Gebäudesprengung handelte. Die Wirecard-Bombe ließ keinen Stein auf dem anderen und wirbelte eine gewaltige Staubwolke auf. Der Tatort wird immer noch untersucht, die Spurensicherung ist noch in

vollem Gange. Der CEO wanderte ins Gefängnis. Der Vertriebschef Jan Marsalek kam auf Platz eins der internationalen Fahndungslisten und flüchtete vermutlich nach Russland. Die Prüfungsgesellschaft EY stand bis auf die Knochen blamiert da. Die Aufsichtsbehörde BaFin inklusive Finanzminister und Staatssekretär wuschen monatelang ihre Hände in Unschuld. 1.900.000.000 Euro wurden zur Luftbuchung erklärt – es hatte sie nie gegeben. Der Insolvenzverwalter starrte in eine Liquiditätslücke von 99,17 % der Verbindlichkeiten. Die Aktionäre verloren alles. Ganz Deutschland fiel vom Glauben ab. Die Welt blickte ungläubig auf unser Land. Unser Chefredakteur entschuldigte sich bei seinen Lesern. Statt eines potemkinschen Dorfs hatte Wirecard-Chefarchitekt Braun gleich eine potemkinsche Megacity erschaffen. Wie kann so etwas passieren?

Nun, es ist leider weniger ungewöhnlich, als man denkt, auch wenn die Dimension bei Wirecard alles bisher Dagewesene sprengte. Die Wirtschaftsprüfer der KPMG haben vorgerechnet, dass zwischen 2014 und 2016 fast die Hälfte der großen Unternehmen in Deutschland von wirtschaftskriminellen Handlungen im eigenen Haus betroffen war. Der geschätzte Schaden: etwa 100 Milliarden Euro pro Jahr.

Möglicherweise kommt hier ein Faktor zum Tragen, den der kanadische Psychologieprofessor Robert D. Hare studiert hat: die auffällige Häufung von Menschen mit psychopathischen Zügen im Management. Sie sind hier sechsmal so oft anzutreffen wie in der Normalbevölkerung; das Phänomen steigert sich mit der Hierarchiestufe. Nur unter Anwälten gibt es noch mehr Psychopathen als unter Spitzenmanagern. Es handelt sich um eine besondere Art von Menschen: redegewandt, oft charismatisch, leistungsstark, mit schauspielerischem Talent, narzisstisch und manipulativ. Gewissenbisse kennen sie nur aus dem Wörterbuch. »Falls ich Psychopathen nicht im Gefängnis untersuchen könnte, würde ich meine Probanden sehr wahrscheinlich an einem Ort wie der Börse suchen«, fasste Professor Hare seine Erkenntnisse zusammen. An die Spitze eines Unternehmens zu kommen, um die Geschicke von Hunderten oder Tausenden oder Hunderttausenden zu lenken, scheint für Psychopathen reizvoll. Auf dem Chefsessel finden sie alles, was sie interessiert: Geld, Macht und Kontrolle über andere Menschen. Sie haben zwar kein Mitgefühl, aber eine ausgesprochen gute Menschenkenntnis, die sie gnadenlos einsetzen – und zwar ausschließlich zum eigenen Vorteil. Zur Beruhigung sei gesagt: Auch wenn der Psychopathen-Anteil bei den Unternehmensführern auffällig höher ist als normal, sind es nur sechs Prozent. 94 Prozent der Kapitäne sind also psychisch gesund. Zumindest zu Beginn ihrer Laufbahn.

Aber das Gefühl der Macht hat die Kraft, auch Menschen ohne genetische Anlage zum Psychopathen zu deformieren. Die Psychotherapeutin und Professorin für Leadership Myriam Bechtoldt hat festgestellt: »Die Empathie von Führungskräften nimmt mit jeder Hierarchiestufe nach oben ab.« Und Albert Camus hat es so formuliert: »Kein Mensch besitzt so viel Festigkeit, dass man ihm die absolute Macht zubilligen könnte.«

Professor Dacher Keltner, Experte für angewandten Machiavellismus, hat uns folgendes Experiment beschert: Drei Personen wurden eingeladen, eine todlangweilige Aufgabe zu lösen. Einer von ihnen wurde vorher zum Anführer bestimmt. Nach einer Weile wurde der Gruppe zur Stärkung ein Teller mit fünf Keksen gereicht. Jeder

Teilnehmer griff zu, aber nur einer bediente sich zweimal – und das war immer der »Chef«. (Ein Anstandsstückchen blieb stets über; es gibt also noch Hoffnung.)
Mit Stefans Macht wachsen nachweisbar auch sein Ego und seine Rücksichtslosigkeit. Diese Entwicklung lässt sich mit einem Firmenwagen noch beschleunigen. Keltner hat aufgezeigt, wie es geht: Gib Stefan einen kleinen Mazda, und er hält am Zebrastreifen. Gib ihm eine dicke Limousine, und er rauscht durch. Und als hätten wir es geahnt: BMW-Fahrer sind die schlimmsten. Interessant, scheinbar absurd klischeehaft, aber eben auch in zahlreichen Experimenten überprüft.

In ihrer wachsenden Egomanie setzten Stefan und seine Vorgänger mit ihrer Ankunft in der höchsten Führungsetage ihre eigene Glücksspirale in Gang. Sie begann mit dem persönlichen Fahrer auf Lebenszeit. Der parkt die Limousine jeden Morgen auf dem persönlichen Chefparkplatz direkt vor dem Haupteingang der Hauptzentrale, mit dem kürzesten Fußweg. Dann geht der CEO strammen Schrittes zum persönlichen Vorstandsaufzug, während ein Empfangsmitarbeiter bereits den Knopf drückt, sodass keine Sekunde mit Warten oder Mitarbeitergesprächen verplempert wird. Die kurze Aufzugsfahrt endet in der eigenen Vorstandsgastronomie. Ein gut ausgebildeter Hotelfachmann mit weißen Handschuhen reicht das glatt gebügelte *Handelsblatt*. Stefan setzt sich an den gedeckten Tisch und dreht die vor ihm liegende Karte auf »Tee«, damit ihn der Butler nicht mit der übereifrigen Frage »Kaffee oder Tee?« in seinen wertvollen Gedanken stört. Der handverlesene chinesische Tee (genau 3,5 Minuten) wird eingeschenkt – natürlich in das eigene Porzellanservice mit den persönlichen Initialen. Eine Einzelanfertigung, passend zum gestickten Monogramm auf dem maßgeschneiderten Hemd. Und das sind nur die ersten Minuten seines Arbeitstages, bevor er sein Vorzimmer durchquert und sein riesiges, einsames Büro betritt. Sie sitzen gerade kopfschüttelnd vor dem Buch? Ich verspreche Ihnen: Kein Detail der geschilderten Szene ist erfunden.

Mit wachsender Macht verhält sich Stefan so, als hätte er einen Dachschaden. »Aquired sociopathy« heißt der Fachbegriff dafür, dass jemand sozial deformiert wird. Machtgefühle stören den Prozess im Gehirn, den wir als »Spiegelung« kennen: das intuitive »Imitieren« des Gegenübers. Dieses Sichhineinversetzen ist die Voraussetzung für Mitgefühl – und es schafft eine Verbindung zwischen zwei Menschen. Wenn die Spiegelneuronen blockiert sind, verhalten und fühlen wir uns anders. Lachen steckt beispielsweise nicht mehr an. (Scherze auf Kosten der anderen funktionieren natürlich noch.) Und die messbaren Auswirkungen gehen noch viel weiter: Das Gefühlsleben verödet, die Empathie vertrocknet und das Gewissen schrumpft. Das Schlimme ist: Diese Verhaltensmuster gelten im Erwachsenenalter als kaum mehr therapierbar.

Manche Berater sehen in der Veränderung in Richtung asoziales Wesen einen Wettbewerbsvorteil. Nur wer sich zum Soziopathen entwickelt, kann auch harte Entscheidungen eiskalt treffen und umsetzen. Aus der Ferne erscheint diese Spezies oft bewundernswert furchtlos, aber aus der Nähe erkennen wir: Sie ist verantwortungslos. Und deshalb zum Fürchten. Wir sehen erneut das Management à la Noah: Nach mir die Sintflut.

So einem Vorgesetzten in die Hände zu fallen, schlägt aufs Gemüt. Die DAK vermeldete 2020, dass die Häufigkeit der Diagnose »Depression« sich in den letzten beiden

Jahrzehnten verdreifacht hat. 2019 stieg die Zahl der Fehltage von Arbeitnehmern wegen Depressionen, Angst- oder Belastungsstörungen um 24 auf 260 Tage pro 100 Versicherte – in nur einem Jahr. Eine Steigerung um über zehn Prozent und der höchste Stand seit Beginn der Untersuchung 1997. Dabei war in der Wirtschaft noch keine Krise zu sehen, sie brummte seit zehn Jahren. Was soll erst passieren, wenn was passiert? Wie Covid-19? Eine existenzielle Krise des Unternehmens mit nochmals steigendem Druck auf die Angestellten und dazu ein emotionaler Analphabet als Vorgesetzter? Das hält kein Team lange aus.

Der Hauptkündigungsgrund heißt heute »Chef«. Mindestens die Hälfte aller Mitarbeiterwechsel geht auf das Konto des Vorgesetzten. Das sollte gleich von seinem Jahresbonus abgezogen werden. Gallup beziffert den volkswirtschaftlichen Schaden dank unfähiger Chefs auf 105 Milliarden Euro pro Jahr allein in Deutschland. Das tut weh. Die Generation der Millennials ist beim Thema Kündigung noch flotter bei der Sache. Reinhard Sprenger bringt das so auf den Punkt: »Mitarbeiter kommen zu Unternehmen und sie verlassen Vorgesetzte.« Wenn es menschlich nicht passt, warten sie nicht mehr auf Magengeschwür und Depression, sondern wechseln kurzerhand den Job. Damit gehen Stefan die Druckmittel aus. Nicht mal mehr der drohende Verlust des Firmenwagens hält die junge Generation bei der Unternehmensstange. Sie schwingt sich auf ihr E-Bike und radelt in die Freiheit. Ohne Untergebene ist der Chef eben auch nur ein Angestellter.

An der Spitze ist es einsam, klagen Spitzenmanager in melancholischen Momenten gern. Und das stimmt. Allerdings hat Stefan die anderen auf seinem Weg nach oben von der Karriereleiter geschubst und später im Chefbüro den sozialen Stecker selbst gezogen. Wer keinen neben sich duldet, hat irgendwann auch niemanden mehr um sich.

Dabei sind die Herren Herrscher erst vor einigen Jahrtausenden und erst einmal nur vereinzelt auf die Bühne der Welt getreten. Während der längsten Zeit unseres menschlichen Zusammenlebens haben die Gemeinschaften die ausgleichenden, empathischen und vermittelnden Charaktere an die Spitze ihrer Gruppe gestellt. Der Dorfälteste, der Medizinmann, der spirituell Begabteste oder der Rat der Weisen fanden Gehör und Respekt. Bis zur bekannten magischen Grenze von 150 Individuen galt meist *the survival of the friendliest.* Als soziale Wesen wählen Menschen in einer Gruppe eher das Vorbild zum Anführer, nicht den Lautsprecher. Solange wir spürbar Teil einer Gruppe sind, ist unser soziales Empfinden stark genug, damit wir uns gemeinschaftskonform verhalten. Erst mit dem Gefühl, aus der Gruppe herausgehoben zu sein, oder wenn die Gruppe zu groß ist und sich keine spürbaren Verbindungen mehr bilden können, beginnt die Fehlentwicklung.

Die beste Möglichkeit, die Machthungrigen in Schach zu halten, ist die Scham: das scharfe Schwert der sozialen Ächtung. Die Angst vor dem medialen Pranger bändigt selbst große Egos. Aber mit dem Sterben der lokalen und regionalen Zeitungen entstehen mediale Wüsten. Die öffentlichen Scheinwerfer werden ausgeknipst, und im Schutz der Dunkelheit lässt die (erzwungene) Tugendhaftigkeit nach. In den USA wurden in den letzten fünfzehn Jahren über zweitausend Zeitungsverlage geschlossen – parallel dazu stieg die Zahl der Korruptionsfälle deutlich an. Das Schamempfinden hat in den letzten Jahren offensichtlich abgedankt. Ganz gleich, was du verbrochen hast – wenn du mit einer Millionenabfindung aus der Sache rauskommst, giltst du in deinen Kreisen als Siegertyp. Donald Trump ist in dieser Kategorie der Weltmarktführer. Der abgewählte 45. US-Präsident hat die Grenze zu Mexiko geschlossen, aber die Grenze der Schamlosigkeit meilenweit geöffnet. Die Hälfte seines Lands und dazu fast der gesamte restliche Planet blickte vier Jahre lang fassungslos auf dieses unwürdige Schauspiel. Der Vorhang der Macht wurde zur Seite gezogen, und wir sahen: Jenseits der Schamgrenze regiert nur noch das asoziale Verhalten. Bis über die Niederlage in einer demokratischen Wahl hinaus. Doch Gesellschaft und Politik rüsten auf. Vergehen werden zunehmend härter bestraft, juristisch verfolgt und medial ausgeschlachtet, und der Ton der Diskussionen um Managergehälter und Bonuszahlungen in Millionenhöhe gewinnt an Schärfe. Die alten Strukturen werden brüchig. Und das alte Machtmodell hat ausgedient. Werfen Sie mal einen Blick durch Ihre Führungsetage: Je mehr Machtgehabe ein Vorgesetzter versprüht, desto geringer ist die Wahrscheinlichkeit, dass er Menschen wirklich führen kann. Die machtdominierte Form des Managens begründet sich einzig und allein aus dem Organigramm, sie ist rein hierarchisch und funktioniert nur über Zwang. Immerwährender Hochdruck als Allheilmittel, andere anzutreiben, ist höchst energieaufwendig für alle Beteiligten – die Dosis muss ständig erhöht werden. Genau genommen hat das nichts mit Führung zu tun. Führung beginnt, wenn Menschen dir folgen – aus freien Stücken. Das verlangt neue Qualifikationen, die bisher nicht Teil von Stefans Anforderungsprofil waren. Der Chef der Zukunft muss Zahlen verstehen und Menschen lieben.

Wir lernen:
Selbst Götter sind machtlos,
wenn keiner an sie glaubt.

Die HR-Abteilung erkannte früh:
Jeff Bezos bringt alle Voraussetzungen mit, Topmanager und der reichste Mensch unseres Planeten zu werden.
Oder Erdbeerpflücker.

Ein paar Seiten zur Rationalität

IMMER LOGISCH MACHT GAR KEINEN SINN

»Irrationality always invites danger.«

(Mr. Spock)

Wer mit Menschen arbeitet, sollte sie ganz und gar schätzen. Ihre gesamte Persönlichkeit, und nicht nur ihre linke, für die Ratio zuständige Gehirnhälfte. Möglicherweise ist das Irrationale eine Kraftquelle der Zukunft. Dieser Gedanke scheint Stefan in höchstem Maße absurd. Er und alle, die er kennt, sind Anhänger der reinen Vernunft. Und damit fängt das Führungsproblem schon an.
Platon ist vermutlich der Erste, der auf den Trichter gekommen ist. Er und sein Schüler Aristoteles haben vor 2.500 Jahren die Gedanken für uns sortiert und die Logik in unsere Vorstellungswelt gebracht. Zusammenhänge, die für die Menschen bis dahin gar nicht greifbar gewesen waren, wurden auf einmal erklärbar. Mit der griechischen Denkhilfe kam die große Vernunft in unser Leben. Dank ihrer messerscharfen Analysen nahm unsere Welt Geschwindigkeit auf und brachte die unglaublichsten Dinge hervor. Der Ratio sei Dank. Die Vermessung der Welt, von der Eroberung des Universums (zumindest der ersten

408 Kilometer der unendlichen Weiten, zur ISS) bis zum kleinsten Nanometer unserer eigenen Stammzellen, wäre ohne logische Denkmodelle unvorstellbar. Beflügelt durch ihre gewaltigen Erfolge und ihren unaufhaltsamen Siegeszug erlitt die Ratio spätestens im 19. Jahrhundert einen Selbstbewusstseins-Schock, der zu einer starken Wahrnehmungsverzerrung führte. Die Logik schwang sich auf zur Alleinherrscherin, zur Ultima Ratio, und erklärte sich selbst zur höchsten Entscheidungsgewalt. Aus dem gedanklichen Vorkämpfer wurde der Despot, der niemanden neben sich duldet. Das Unlogische wurde kopfschüttelnd abgetan und kurzerhand vom Hof gejagt. Seither fristet es sein Nischendasein in Schauspielschulen, Tanztheatern und Töpferkursen, die durch kleine Fördertöpfe am Leben gehalten werden. In der großen Geschäftswelt hat das Irrationale seither Hausverbot. Wobei der erwiesenermaßen stockrationale Mr. Spock einwenden würde: »Seinen Heimatplaneten für hypothetischen Reichtum zu zerstören, ist im höchsten Maße unlogisch.« Aber das ist ein anderes Thema.

Der Mann an der Spitze des Unternehmens hat viel Druck, aber auch viele Freiheiten. Er kann sogar skrupellos, lustlos, einfallslos und erfolglos sein – solange er scheinbar logisch und »alternativlos« handelt (oder zumindest mit gewandter Zunge überzeugend den Eindruck vermittelt), ist er auf der sicheren Seite. Niemand ist je dafür gefeuert worden, dass er ganz logische, nachvollziehbare Entscheidungen getroffen hat.

Die Logikwelle ist um die ganze Welt geschwappt und hat die Managerriege einer Art Gehirnwäsche unterzogen. Was früher nur für verstandesarme Herdentiere galt, gilt nun auch für den *homo rationalis*: Alle laufen in dieselbe Richtung. Wie ein Navigationssystem, das nur eine

Route im Plan hat – die vernünftigste. Nur das optimale Verhältnis von Spritverbrauch und Fahrtzeit zählt. Dagegen sind die schönste, die entspannteste, die Benzin sparendste, die romantischste, die kaum befahrene ab sofort nicht mehr wählbar. Was natürlich dazu führt, dass alle auf derselben Strecke unterwegs sind, das gleiche Ziel haben und schon auf dem Weg dorthin im Gedankenstau feststecken. So wird Vernunft zur Unvernunft.

Stefans folgenschwerer Denkfehler ist sein tiefer Glaube daran, dass allein die rationale Sichtweise zum Erfolg führt. Alle denken jetzt mal schön logisch, und dann kommen wir zu einem guten Ergebnis. Richtig. Und zwar alle zum selben, wie beim kleinen Einmaleins, o Wunder. Das haben wir so nicht bedacht. Ganze Heerscharen von Beratern zelebrieren die rationale Analyse, das Zerteilen in die kleinste Einheit und das Optimieren jedes Details des Fünfjahresplans. So entsteht Effizienz, aber nichts Neues von Wert und übrigens auch keine Zukunft. So entstehen Doppelhaushälften, die wie aus dem 3-D-Drucker aussehen, Innenstädte, die sich zum Verwechseln ähnlich sind, und Smartphones, die sich mehr gleichen als ein Ei dem anderen. Schwarz, handtellergroß und flach. Sozialistisches Einheitsdesign. Aber logisch.

Funktioniert immer. Leider immer nur in Marktforschungskabinen. Im realen Leben jedoch droht der Erstickungstod im Einheitsquark. Wenn es wirklich um alles oder nichts geht, werden Logik und Berechenbarkeit zur echten Gefahr. In den berühmt-berüchtigten militärischen und unternehmerischen »war games« müssen wir anders denken und erkennen: Das Unlogische bringt oft einen strategischen Vorteil. Weil die auf Logik gepolte Konkurrenz das nicht erwartet hat.

In der täglichen Unternehmenssteuerung werden alles und alle der Diktatur der Logiker unterworfen. Das führt zu großer Gedankenarmut – was einem Unternehmen, einer Branche oder einer ganzen Volkswirtschaft in Zeiten großer Umbrüche das Genick brechen kann. Ein Blick in den Rückspiegel zeigt uns, dass wir Deutschen jahrzehntelang ein Volk der Erfinder waren. Unsere globalen Erfolgsgeschichten wie das Auto, die Kopfschmerztablette, die Filtertüte, der Zwieback und vieles andere haben mindestens hundert Jahre auf dem Buckel; der (klappbare) Regenschirm, das Tempotaschentuch, der Teebeutel, das Düsentriebwerk und der Hubschrauber sowie Konrad Zuses Computer auch schon mindestens achtzig Jahre. Nach dem Weltkrieg kam noch der Dübel dazu – aber nach 1960 gab es aus deutschen Tüftlerstuben nur noch Spielkram wie das Playmobilmännchen und den Lachsack. Aus dem Land der Erfinder und Unternehmer wurde die Nation der Optimierer. Wir haben unseren Wirtschaftsmotor getunt, aber leider keine alternativen Antriebssysteme mehr entwickelt.

Es ist unübersehbar: Das Logik-Navi steuert uns in die rationale Sackgasse. Unsere Wirtschaftswelt braucht – zumindest für alles, was außerhalb der Bereiche Atomkraft, Impfstoff, Flugsicherung und Bombenentschärfung liegt – Alternativrouten, Ausweichfelder und Abkürzungen. Wenn unser intellektuelles Aufnahmevermögen an seine Grenzen kommt, funktioniert Intuition noch eine ganze Zeit weiter – wenn wir ihr denn über den Weg trauen. Schreiben wir uns das hinter die Ohren: Das Allervernünftigste ist, nicht allzu vernünftig sein zu wollen.

Damit tut Stefan sich schwer. Wie schon ausgeführt, wurde ihm das Bauchgefühl auf dem Weg die Karriereleiter hoch ausgetrieben. Es ist zwar eine wichtige Sache, aber kein gutes Argument, wenn der Investor oder der Aufsichtsrat mal nachfragen. Seine Ratio lässt die irrationalen Sprünge der Gedanken nicht mehr zu. Deshalb brauchen wir den oft gepredigten Kulturwandel, der ehrlicherweise besser Schmerztherapie heißen sollte. Wandel ist kein Vergnügen.

Alle Probleme des Unternehmens und der Zukunft ausschließlich mit Vernunft lösen zu wollen, zieht ja immer nur einen winzigen Ausschnitt aller denkbarer Lösungen in Betracht. Und Probleme, die der Logik nicht zugänglich sind, werden ausgeblendet. Der beste Eishockeyspieler aller Zeiten, Wayne Gretzky, hat es auf eine einfache Formel gebracht: »Von den Torschüssen, die du gar nicht versuchst, gehen auf jeden Fall hundert Prozent nicht rein.« Der Computerexperte Joseph Weizenbaum hat das handfester formuliert: »Wenn das einzige Werkzeug, das du kennst, ein Hammer ist, dann sieht alles wie ein Nagel aus.« Alles mit dem Logikhammer erledigen zu wollen ist so, als wollte man alle Schulfächer von Mathelehrern unterrichten lassen. Spätestens bei den unregelmäßigen Französisch-Verben und beim ersten Beethoven-Akkord geht das schief. Vom Kunstunterricht ganz zu schweigen. Rechnen wir also mit dem Unlogischen und befreien wir unsere Gedanken aus der Sackgasse. Das Führungsmodell, wie wir es kennen, kommt mit zwangsläufiger Logik an sein Ende. Höchste Zeit, dem Un-Sinn wieder neuen Spielraum zu geben.
Aber das ist leichter geschrieben als getan. Das unternehmerische Betriebssystem ist auf Logik programmiert. Noch bevor ein Mitarbeiter im Unternehmen die Erlaubnis erhält, auch mal einem zunächst absurden Gedanken nachzugehen, wird die Logikfrage gestellt. Und das Ent-

scheidungsgremium ist üblicherweise bis auf den letzten Platz mit Rationalisten besetzt. Schließlich wollen Budget, Personalaufwand und Rechtfertigungen geplant und berechnet sein. Was nicht rational und nachvollziehbar erscheint, wird noch vor dem ersten Versuch zu den Akten gelegt. Sonst geht die Gedankenspinnerei noch auf unsere Kosten. Der Aus-Schalter wird noch vor dem Startknopf gedrückt.

Wäre es in Gottes Schöpfungslabor streng logisch zugegangen, gäbe es übrigens keine Hummeln auf der Welt. Denn wie wir wissen, ist die Hummel physikalisch gesehen gar nicht in der Lage, zu fliegen. Dass sie es trotzdem einfach macht, ist zutiefst unlogisch und geradezu ignorant. Und ob Sie es glauben oder nicht – die Hummel setzt sogar noch einen drauf: Sie kann auch rückwärts fliegen. Will sie uns damit etwas sagen?

Für die Aufgewühlten unter Ihnen hier eine beruhigende Bemerkung: Mein Traum ist es keineswegs, die Ratio abzuschaffen. Es geht mir darum, dem Unlogischen seine Existenzberechtigung zurückzugeben. Weil sich nicht alles zwischen Himmel und Erde in eine Excel-Chart zwingen lässt. Auch die Evolution begann nicht mit einem Strategieworkshop. Wäre unser Universum auf Wettbewerbsanalysen und Wahrscheinlichkeitsformeln aufgebaut, gäbe es unseren blauen Planeten nicht. Gott sei Dank tickt das Universum anders als die *Boston Consulting Group*. Sind Excel-Tabellen möglicherweise eine Erfindung des Teufels? Wann immer der Mensch mit seinen irrationalen Seiten mit ins Spiel kommt, ist die Excel-Tabelle jedenfalls mit ihrem Latein am Ende. Also 7.754.847.000-mal weltweit. Und wenn Sie diese Zeilen lesen, ist die Zahl sogar noch ein Stückchen größer.

Gucken wir uns die Quelle des Logik-Dogmas doch mal genauer an. Der Verstand denkt, er sitzt im Präsidentenpalast und regiert die Welt. Bei genauer Betrachtung ist sein Arbeitsplatz aber eher die Presseabteilung im Untergeschoss. Denn der Verstand verbreitet die getroffenen Entscheidungen im Nachhinein.
Menschliche Entscheidungen sind zu komplex und zu sprunghaft, als dass wir sie nur rational erklären könnten. Jeder, der Kinder hat, verheiratet ist oder jemanden kennt, der Kinder hat oder verheiratet ist, weiß, wovon ich rede. Logik allein rettet uns nicht – nicht mal den Familienfrieden. Und die Themen Pubertät, Haustiere, Mundschutzmasken, Angst vor kleinen haarigen Spinnen oder die ewige Liebe zum Fußball haben wir noch nicht einmal angesprochen. Auch wenn es Stefan unglaublich vorkommen mag: Einhundert Prozent aller Mitarbeiter, Kunden, Shareholder und Aufsichtsräte sind Menschen. Und selbst die von Rechenmaschinen dominierte Finanzindustrie hat ihren *homo oeconomicus* mittlerweile wieder beerdigt. Er war stets ein theoretischer Frankenstein, der in der wahren Welt nicht einen Tag lang überlebensfähig war und nur durch Wissenschaftler jahrelang künstlich am Leben gehalten wurde. Sie schauten einfach entschlossen weg, wenn das Leben ihre Denk- und Rechenmodelle durcheinanderwirbelte, und sprachen von »externen Effekten«, wenn die Auswirkungen unseres Wirtschaftens auf Umwelt und Klima gemeint waren. Frei nach dem Motto »Don't ruin theory with reality«.

Interessant, sich einmal anzusehen, wie der Rest des Universums mit drohenden Sackgassen umgeht. Hier kommt die Mutter aller Naturgesetze ins Spiel, die Mutation. Die Entwicklung unseres Planeten wurde erst durch die unvorhersehbaren genetischen Sprünge möglich, die Arten veränderten oder neue entstehen ließen. Vielleicht sollte unsere Wirtschaftswelt sich daran ein Beispiel nehmen. Das eine oder andere Mal hat sie es sogar schon getan. Unser Leben und die Auftragsbücher manch glücklicher Firma sind randvoll mit Erfindungen, die aus schweren Fehlern, purem Zufall oder einfach aus Blödsinn entstanden sind. Werfen wir zum Beweis einfach mal einen Blick in unseren Küchenschrank: Teebeutel, Teflon, Porzellan, Mikrowellen – nichts davon wurde logisch entwickelt. Das gilt natürlich auch darüber hinaus: die medizinische Wunderwaffe Penicillin sowie Röntgenstrahlen, Klettverschlüsse und die in Design-Thinking-Workshops so beliebten Post-its – alles Produkte des Zufalls. So auch hier: In ihrer kalten New Yorker Garage machten sich die findigen Ingenieure Alfred Fielding und Marc Chavannes in den 1950ern daran, eine neue Tapete zu entwickeln. Die etablierte Papiertapete erschien ihnen als Relikt einer alten Zeit. Es gab schließlich Plastik, den Wunderstoff. Damit sollten neue Zeiten anbrechen und ein neuer Look her: schicker, robuster, abwaschbar, pflegefreundlich und kinderleicht anzukleben. Es ist ihnen nicht gelungen. Aber es entstand ein neuartiges Verpackungsmaterial: die Luftpolsterfolie. Viel Luft, wenig Plastik und jede Menge Einsatzmöglichkeiten rund um die Welt.

Manchmal entdeckt man sogar Dinge, die man gar nicht gesucht hat. Wie das englische Forscherteam aus Sandwich, das nach jahrelangen Entwicklungen nun endlich ihr Mittel UK 82480 an dreihundert Freiwilligen in England, Frankreich und Schweden testen konnte. Die Erwartungen waren hoch. Es schien vielversprechend, um Herzbeschwerden zu lindern, eines der weltweit häufigsten Krankheitsbilder. Im Erfolgsfall winkten hunderte Millionen Umsatz. Doch die Werte der Testreihe zeigten kaum Besserung. Frustriert entschieden die Forscher, das Projekt einzustellen. Und lösten damit eine Welle der Entrüstung aus. Die Testpersonen, gestandene Kerle im besten Mannesalter, gaben die Tabletten nicht mehr aus der Hand. Da keine Wirkung oder Nebenwirkung im Labor nachgewiesen werden konnte, waren die Ärzte über die leidenschaftliche Reaktion überrascht. Der Effekt war nicht in den Blutwerten, sondern unter der Bettdecke aufgetreten. Bei neunzig Prozent der Teilnehmer waren Erektionen aufgetreten. Die schönste Nebenwirkung der Welt, wie einige der Probanden und ihre Partner befanden. Pfizer brachte diesen »Fehlschlag« als kleine blaue Pille unter dem Namen Viagra auf den Markt. Bis der Patentschutz auslief, hatte allein Viagra 40 Millionen Männern auf die Liebessprünge geholfen und Pfizer 25 Milliarden Dollar in die Kasse gespült. Das berühmteste Medikament der Welt wurde nicht im Labor entdeckt. Auch eine schöne Nebenwirkung.

Aber nicht nur den Liebestollen half der Zufall auf die Sprünge, sondern auch den Couch-Potatoes. Es gibt ein Produkt, das aus purer Wut entstand – und unsere Geschmackswelt für immer verändert hat. Der 24. August 1853 ist der Tag, an dem George Crum der Kragen platzt. Er ist Chef de Cuisine des »Moons«, eines der angesehensten Restaurants New Yorks, am sonnenfunkelnden Hudson River. Speisesaal der Reichen und Berühmten. Cornelius Vanderbilt, Eisenbahnkönig, Erbauer der Grand Central Station in Manhattan und einer der vermögendsten Menschen, die je gelebt haben, hat gerade sein Essen zurückgehen lassen. Die Bratkartoffeln seien nicht dünn genug geschnitten. In seinem Zorn schnippelt George Crum die nächste Kartoffel in kaum noch erkennbare, hauchdünne Scheiben, lässt diese anbrennen, dann abkühlen, bis sie knochenhart sind, und versalzt sie mit Vorsatz. Nicht eine Kartoffelscheibe lässt sich nach dieser Misshandlung noch mit der Gabel aufspießen. Und Vanderbilt ... ist hellauf begeistert. Das neue Produkt kommt am nächsten Tag und für alle Zeiten auf die Speisekarte und erobert von Amerika aus die Welt. Der Kartoffelchip ist geboren. Pro Jahr verzehrt jeder Amerikaner über neun Kilo dieser versalzenen Racheaktion. Tendenz steigend. 328 Millionen Amerikaner machen diese Erfindung zur Goldgrube. George Crums Wutausbruch hat ein neues Marktsegment geschaffen, das heute weltweit knapp über 60 Milliarden Dollar groß ist. Mehr als adidas, Nike und Puma gemeinsam auf die Umsatzwaage bringen. Das hätte sich niemand ausdenken können. Hätte Crum das Patent darauf angemeldet, wäre er vermutlich heute reicher, als die Erben der Vanderbilts waren, bevor sie das unvorstellbare Vermögen verprassten.

Befreien wir unsere Wunderwaffe Irrationalität aus den grauen Zellen unseres Gehirns. Das Unlogische führt unser Denken in Ecken, in denen noch niemand war. Es dehnt unsere Vorstellungskraft. Wer hätte je gedacht, dass die Welt auf einen Designstaubsauger im Star-Wars-Look von Dyson wartet oder dass der Klettverschluss dafür sorgt, dass wir uns immer weniger Dinge vorknöpfen müssen? Bloß weil etwas unsinnig erscheint, muss es nicht sinnlos sein. Gerade dort, wo das Spielerische die Ernsthaftigkeit überholt, entsteht Ungesehenes und Unerwartetes. Und genau dann sind wir der Zukunft auf der Spur. Lassen wir unseren Gedanken und Spinnereien freien Lauf. Wir werden unsere helle Freude daran haben. Wir haben dafür extra das wundervolle Wort »Gedankenspiel« erfunden. Rory Sutherland, unterhaltsamer Vordenker der Kreativhauptstadt London, hat ein ganzes Buch über die überraschende Kraft von Ideen geschrieben, die absolut sinnlos scheinen, »The Surprising Power of Ideas That Don't Make Sense«. Dass Ampeln und Kreuzungen mehr Unfälle verursachen als der ungeregelte Kreisverkehr, ist schwer zu erklären, aber leicht umzusetzen und nachzumessen. Oder nehmen wir die Medizin: Wenn der Mensch glaubt, dass es hilft, wirken sogar Placebos. Ohne Nebenwirkungen. Die Logik-Dogmatiker verteufeln allein die Vorstellung und setzen auf Chemie. Anderes Beispiel: Der Westen forscht mit Hingabe daran, die Wirkweise der Akupunktur logisch zu verstehen, damit wir sie auf Rezept und krankenkassenkonform abrechnen können. Die Chinesen ignorieren diese Ursachenforschung gelassen und erfreuen sich stattdessen an der Wirkung. Seit über dreitausend Jahren.

Das Unsinnige verlässt die Denkwelt des Erklärbaren und öffnet das Universum des Undenkbaren, aber durchaus Möglichen. Und das Reservoir an solchen unsinnigen, aber wirksamen Lösungen ist unerschöpflich. So sieht das dann aus: Der Wein schmeckt besser, wenn die Flasche schwerer ist – das Gewicht der Flasche wirkt als Geschmacksverstärker, ganz ohne chemische Zusätze. Auch Worte haben eine geschmacksverändernde Kraft. Schreiben wir groß »fettfrei« auf die Packung Prinzenrolle, wird aus dem leckeren Keks eine fade, staubtrockene Angelegenheit. Er schmeckt uns schlechter. Wir lernen: Wenn Menschen mit im Spiel sind, ist der Kontext mitunter entscheidender als der Inhalt. Wir können also die Wahrnehmung beeinflussen, ohne das Produkt zu verändern. Ein plakatives Beispiel bietet uns die British Rail. Unsere verkehrsgeplagten Nachbarn, die Engländer, pflegten und pflegen dieselbe verzweifelte Hassliebe zu ihren nationalen Zuganbietern wie wir Germanen zur Deutschen Bahn. Und mit derselben Verzweiflung wie die Deutsche Bahn versuchen die britischen Bahngesellschaften stets, das berühmt-berüchtigte Kundenerlebnis zu optimieren. Wenig überraschend haben Kundenbefragungen hervorgebracht: Die wirkungsvollste Maßnahme, die Zufriedenheit zu steigern, besteht darin, dass man schneller aus dem hassgeliebten Zug rauszukommt. Das ergab auch eine Befragung zur Strecke London – Paris und den Eurostar. Die Fahrzeit lag damals bei drei Stunden.

Mit großer Entschlossenheit machte sich das Unternehmen daran, die Zufriedenheit zu steigern. Man baute eine neue Strecke, entwickelte neue Züge und verlegte neue Gleise. Das dauerte zehn Jahre, in denen man sechs Milliarden Pfund verbaute und zwei Unternehmen in die Insolvenz führte. Aber dann hatte man die Hochgeschwindigkeitsstrecke und den Zug, der über 300 km/h schnell raste – die Fahrzeit sank um gut 30 Minuten. Eine Produktoptimierung der logischen Art. Ergebnis: keine messbare Steigerung der Kundenzufriedenheit.

Sie hätten auf den großen Werber David Ogilvy hören sollen, der schon vor einem halben Jahrhundert sagte: »Ich habe drei kleine Probleme mit Marktforschung: Erstens denken die Menschen nicht so, wie sie fühlen, zweitens reden die Menschen nicht so, wie sie denken, und drittens handeln sie nicht so, wie sie reden.«

Zieht man daraus die Konsequenz und lässt dem Unsinn freien Lauf, käme man auf Gedanken wie Rory Sutherland. Sein unterhaltsamer Alternativvorschlag zum teuren Umbau lautete: »Wir lassen die Strecke so, wie sie ist, aber wir stellen als Zugbegleiterinnen die schönsten Mo-

dels der Welt und George Clooney ein. Für die Damen schenken wir kostenlos Champagner der Marke Veuve Clicquot aus, die Herren der Schöpfung in der ersten Klasse bekommen Château Pétrus bei 18 Grad serviert. WLAN ohne Ende, für alle. Wir sparen 5,5 Milliarden Pfund. Die Kundenzufriedenheit steigt sprunghaft, und wenn es Beschwerden gibt, dann darüber, dass die Fahrzeit zu kurz war.« Was amüsant klingt, kann Großes bewirken. (Zu vermuten wäre allerdings, dass Sutherlands Vorschlag bereits an der Anti-Sexismus-Abteilung des Unternehmens scheitern und eine Verwarnung nach sich ziehen würde.)
Ein weiteres Beispiel gefällig? In Amerika fressen allein die Klimaanlagen so viel Energie, wie der afrikanische Kontinent insgesamt verbraucht. Dabei kann die subjektive Wahrnehmung von Hitze per Knopf gelöst werden. Gerade im Büro. Krawattenträger leiden in heißen Sommern stärker unter der Hitze, was an ihren roten Gesichtern leicht zu erkennen ist. Mit geschlossenem Oberhemd und enggebundener Krawatte liegt das Hitzeempfinden zwei Grad höher als bei Kollegen und Kolleginnen mit luftiger Kleidung. Was passiert also, wenn man diesen Businessmännern im Hochsommer krawattenfrei gibt? Man kann die Klimaanlage herunterdrehen und so in den Sommermonaten Abermillionen Kilowattstunden Strom sparen. Absurd. Natürlich. Aber wirkungsvoll. Greta hätte ihre reine Freude daran. Unsinn wirkt unglaublich.

Wirtschaft ist eine ökonomische Verbindung von Mensch zu Mensch. Das heißt: Über den Wert, die Wirkung und das Glücksempfinden entscheidet vor allem der Kontext, in dem wir uns bewegen. Das Glas Wein unterm Sternenhimmel in der afrikanischen Savanne schmeckt um Lichtjahre besser als in der Gaststätte »Gleis 13« im Hauptbahnhof, selbst wenn es derselbe Wein ist. Logik spielt da keine Rolle. Der Wert der Dinge kommt mit der Bedeutung, die wir ihnen geben. Dafür brauchen wir nicht mal einen Weinkühler.

Als meine Mutter, Oma Elisabeth, zur Geburt unseres und ihres Nesthäkchens mit einem Steiff-Teddy auflief, fühlte ich mich berufen, ihr große Vorhaltungen zu machen: kleine Rente, großer Preis. Über 100 Euro, für einen Teddybären von überschaubarer Größe und Flauschigkeit. »Den hat er noch, wenn es mich nicht mehr gibt«, war ihre Antwort. Zehn Wörter genügten, um die Diskussion für alle Zeiten zu beenden. 100 Euro für einen Teddybären ist viel zu teuer. 100 Euro für eine lebenslange Erinnerung an Oma ist relativ günstig. Mama hatte wie immer recht. Kontext verwandelt Unsinn in die sinnvollste Sache der Welt.

Wir lernen:
Wenn die Logik nicht weiterkommt, fällt dem Unsinn immer noch was ein.

Der Leadership Coach hatte gesagt:
Stecken Sie sich hohe Ziele. Jetzt
stehen Sie in der Warteschlange am
Gipfel des Mount Everest und
frieren sich den Hintern ab.

Ein paar Seiten zur Überzeugungskraft

REDEN IST TEFLON. SCHWEIGEN IST GOLD.

»Sie haben das Recht, zu schweigen. Alles, was Sie sagen, kann gegen Sie verwendet werden.«

(Beliebter Satz von rechtschaffenden Polizisten in Krimiserien – Bezug zu § 136 der Strafprozessordnung)

Neue Zeiten bringen neue Berufskrankheiten. Das Aufmerksamkeitsdefizit ist die Staublunge unseres Informationszeitalters. Jeder Mitarbeiter hat zehn Prio-1-Themen auf dem Tisch und sieht vor lauter E-Mails die entscheidende Nachricht nicht. Wir sind so beschäftigt, dass wir gar nicht mehr zum Arbeiten kommen. Denn mit der Größe eines Unternehmens wächst auch die Selbstbeschäftigung. Irgendwann geht gefühlt mehr Arbeitszeit dafür drauf, den Apparat zu bedienen und am Laufen zu halten, als wirklich etwas zu schaffen. Die Produktivität sinkt: manchmal sogar gegen null. Wir ertrinken in internen Informationen und überschütten aus Notwehr auch alle anderen mit Weiterleitungen. Der Beruf des hyperaktiven »Forwarders« kam mit den E-Mail-Postfächern in unsere Welt. Wir strampeln uns durch die tägliche Infor-

mationsflut und ahnen: Kommunikation wird die entscheidende Kernqualifikation.
Die Fähigkeit, uns menschlich auszudrücken, haben wir mühsam vor etwa 60.000 Jahren entwickelt. Über eine Million Jahre nach dem Schritt in Richtung aufrechter Gang wurde die Sprache zum eigentlichen Treiber unserer menschlichen Entwicklung. Schon in der Höhle hielten das Sprechen und das Geschichtenerzählen die Menschen zusammen. Der kluge Platon klärte uns vor fast 2.500 Jahren auf: »Diejenigen, die die Geschichten erzählen, regieren unsere Gesellschaft.« Winston Churchill glaubte: »Von allen Fähigkeiten ist keine so wertvoll wie die Gabe der Rhetorik. Wer sie besitzt, übt eine Macht aus, die dauerhafter ist als die eines großen Königs. Er ist eine unabhängige Kraft in der Welt.« Churchill schrieb darüber einen Roman, *Savrola*, dessen Held seine rednerische Begabung zur Rettung des Vaterlandes im Kampf einsetzt. Fünfzig Jahre später trat er dann höchstselbst den Beweis an: Im Mai 1940 hielt Churchill seine erste Rede als frisch ernannter Premierminister. Sein Thema war die Rettung des Vaterlandes. Ein Land, der König und die Welt hörten ihm zu. Die Rückkehr des Muts, dem übermächtig scheinenden Nazideutschland zu widerstehen, war nicht zuletzt sein Werk.
Und auch der drittreichste Mensch der Welt, der Investor Warren Buffett, schwört auf Kommunikation: »Wenn du nicht in der Lage bist, zu kommunizieren, ist das, wie einem Mädchen im Dunkeln zuzuwinken. Es wird einfach nichts passieren. Selbst wenn du der schlauste Mensch der Welt bist: Du musst auch in der Lage sein, es mitzuteilen.« Kommunikation ist der Transmissionsriemen, der die Welt in Bewegung setzt. Sie war, ist und bleibt die Königsdisziplin jeder Führungskraft, vom Vereinsvorsteher bis zum Papst.

Sie ist unsere magische Fähigkeit, Strategien, Ziele und Visionen in das Licht der Öffentlichkeit und in die Welt zu bringen. Bis zum Moment der Veröffentlichung ist alles graue Theorie. Es braucht die Sprache, um Menschen hinter sich zu bringen und den Funken zu zünden, damit Gruppen, Unternehmen oder ganze Nationen über sich hinauswachsen. Ob es um den Auszug der Israeliten geht, um Hannibals Überquerung der Alpen oder um den ersten Flug zum Mond: Im Anfang war das Wort. Am 25. September 1961 verkündete John F. Kennedy: »Ich glaube, dass diese Nation sich dazu verpflichten sollte, noch vor dem Ende dieses Jahrzehnts das Ziel zu erreichen, einen Menschen auf dem Mond landen zu lassen und ihn dann sicher wieder zur Erde zurückzubringen.« Die Formulierung klingt nicht nach einem Schlachtruf, der die Menge mitreißt, aber viel wichtiger: Damit war die Sache in der Welt. Unsere Sprache ist das Öl, das die menschliche Energie entzündet. Und wenn es fehlt, trocknet jede menschliche Beziehung aus. Daher der flehentliche Satz in Partnerschaften: »Sag du doch auch mal was.«

Stefan allerdings versteht Kommunikation nicht als zentrales Führungsinstrument, sondern als lästige Zwangsbeschäftigung und Hochrisikosportart. Andere Stakeholder in die Diskussion zu involvieren, heißt im Klartext: Du öffnest die Büchse der Pandora. Die kritischen Geister, die du rufst, wirst du nie wieder los. Wer mitdiskutieren darf, der will auch mitentscheiden. In dem Moment kann selbst der umsetzungsstärkste Manager seinen Projektplan über den Haufen werfen. Die Zeitschiene wird unkalkulierbar, Diskussionen kommen erstens immer anders und zweitens als man denkt. Partizipation durch Kommunikation ist lästig und nervenaufreibend. Da ist es natürlich verlockend, die Dinge heimlich, still und leise aufzugleisen – schneller und vermeintlich eleganter. Aber mit ungeklärten Fragen ist es wie mit Karnevalsschlagern: Du hast sie ewig im Ohr.

Weitaus bedrohlicher als der Wunsch vieler, mitzureden, ist für die Spitzenkräfte allerdings der kommunikative Faktor »Goldwaage«. Wenn du an der Spitze eines Unternehmens stehst, wird jedes Wort von dir auf dieses glanzvolle Messinstrument gelegt. Es drohen der öffentliche Pranger namens Shitstorm, Nackenschläge und der schmerzhafte Karriereknick. Das Urteil des gemeinen Volkes ist schnell gefällt und endet fast immer mit einer Freiheitsstrafe: Du wirst umgehend freigestellt. Bewährung ist in diesem System nicht vorgesehen.
Rolf-E. Breuer dürfte es in dieser Disziplin ins *Guinness-Buch der Rekorde* geschafft haben. Er war fünfzig Jahre lang bei der Deutschen Bank. Vom Lehrling hat er sich hochgekämpft bis zum Vorsitzenden des Aufsichtsrates – nur um dann 2002 im Gespräch mit dem Nischensender *Bloomberg Television* zum Thema Leo Kirch und seiner Unternehmensgruppe zu sagen: »Was alles man darüber lesen und hören kann, ist ja, dass der Finanzsektor nicht bereit ist, auf unveränderter Basis noch weitere Fremd- oder gar Eigenmittel zur Verfügung zu stellen.«
Diese Aussage, die nicht (ganz) falsch war, löste eine Lawine aus, die Breuer aus dem Amt, den Einladungslisten und den Adressdateien der Finanzindustrie fegte. Kirch wurde, wie von Breuer angedeutet, insolvent – und schob Breuer die Schuld daran zu. Zehn lange Gerichtsjahre später einigte man sich. Die Deutsche Bank überwies 928 Millionen Euro Schadensbegleichung an Leo Kirchs Erben. 32 Millionen Euro pro Wort. Breuer wurde von der

Bank mit 3,1 Millionen Euro zur Kasse gebeten. Eine Lektion fürs Leben. Nicht nur für Rolf-E., sondern für die gesamte Führungselite und ihre kommunikativen Stabsabteilungen. Die Bühnen der Öffentlichkeit mutierten zu Minenfeldern des plötzlichen Karrieretods. Die Corporate Communication versteht sich seither als Minenräumdienst. So wagt sich nachvollziehbarerweise seit Jahren kaum noch ein Manager von Rang und Namen in die deutschen Talkshows. Unterm Radar fliegt es sich sicherer. Es gibt dabei allerdings ein Problem: An den zukunftsentscheidenden Diskussionen von morgen nimmt die Stimme der Wirtschaft sicherheitshalber gar nicht erst teil.

Und auch die Kommunikation nach innen veränderte sich für alle Zeiten. Mit der Goldwaage hielt eine neue Art der Kommunikation Einzug in die oberste Etage: die hohe Kunst der nichtssagenden Aussage. Von allen Seiten gepanzert und kugelsicher. Die Manager verloren darüber erst ihre Persönlichkeit und dann ihre Stimme. Der Chefsessel hat offensichtlich Auswirkungen auf das Sprachzentrum, wie wir es sonst nur von Piloten kennen, die in dem Moment, in dem sie vorne im Cockpit Platz nehmen, in eine zwei Oktaven tiefere Stimmlage gleiten. Der Mensch auf dem Chefsessel kann plötzlich nicht mehr sprechen wie ein Mensch. Er redet wie ein Funktionsträger. Ob Motivationsansprache oder Rede auf der Hauptversammlung: Jeder Satz wird sinnentleert und juristisch verklausuliert. Reden ist Teflon. Und Schweigen ist Gold. Die Spitzenkräfte wechseln, die Sprüche bleiben dieselben. Die Belegschaft reagierte auf diese neue Sprachform mit Kreativität und hat kurzerhand das Bullshit-Bingo entwickelt. Heute sitzen die Mitarbeiter in Meetings, bewegen synchron die Lippen zu den Floskeln der Führungsetage und schalten gedanklich ab.

Es gibt eine direkte Verbindung zwischen Austauschbarkeit der Sprache und ihrer Wirkungslosigkeit. Unser Umschaltreflex an der Fernbedienung greift am schnellsten, wenn Politiker vor die Fernsehkamera treten. Sie haben schon alles gesagt, bevor sie überhaupt den Mund öffnen. Wir haben uns im wahrsten Sinne des Wortes an ihnen sattgehört. So sind große Teile der Bevölkerung für die Politik und ihre Themen unerreichbar geworden. Das droht den Führungskräften mit ihrer Belegschaft auch. Im Schnitt öffnen sechzig Prozent der Belegschaft die Rundmail der Chefetage gar nicht erst. Aua.
Die jahrtausendealte Kernqualifikation jedes Anführers, das Überzeugen durch Sprache, ist von einer Kraftquelle zur persönlichen Schwachstelle degeneriert. Ein Trauerspiel in zahllosen unerzählten Akten. Oder besser: ungezählten Aktennotizen.

Das wirkungsvollste Medium des Menschen ist der Mensch. Denn wir sind von Natur aus Gesichtsleser. Wenn die Themen zu kompliziert werden, können wir Menschen immer noch das Stirnrunzeln entziffern. Instinktiv spüren wir von Angesicht zu Angesicht, wie es um die Ernsthaftigkeit und Glaubwürdigkeit des Sprechers bestellt ist. Vermutlich ist deshalb unser Vertrauen in Angela Merkel so hoch. Sie ist nicht glatt und retuschiert. Sie nutzt eine Sprache, die alle verstehen. Ihre Rhetorik ist keineswegs brillant, aber sie ist echt. Wir können in ihrem Gesicht eine Menge ablesen. Wenn sie sagt: »Die Guthaben sind sicher«, dann sind wir beruhigt. Wenn sie uns bei Corona zur Ordnung ruft und uns ins Gewissen redet, dann hören wir hin: »Es ist ernst!«
Wann immer wir die direkte Begegnung unterbinden oder verfremden, produzieren wir eine Kommunikations-

störung, die wirkt wie das eingefrorene Bild im Zoom-Call. Die Photoshop-geglätteten Gesichter des Vorstands auf der Homepage und im Geschäftsbericht gehören dazu. Sie werden für uns immer häufiger unlesbar und sinnleer.
Dass das Erkennen dieses Mangels in vielen Unternehmen noch auf sich warten lässt, produziert große Inhaltsleere. Die lieber zurückhaltend agierende Kommunikationsabteilung will den Chef gut aussehen lassen und auch inhaltlich auf der sicheren Seite sein. Deshalb wird so lange geschraubt, gefeilt und optimiert, bis keine Ecke und Kante mehr zu sehen ist. Das vom Chef für gut befundene Foto in Anzug und Krawatte kommt wieder und wieder zum Einsatz und wird darüber völlig aussagelos. Täglich grüßt das Murmeltier.

Jeder, der Menschen bewegen will, was nun mal die Kerndefinition einer Führungskraft ist, muss die Kommunikation persönlich machen. Hätte Martin Luther King Jr. am 28. August 1963 vor dem Lincoln Memorial in Washington verkündet »I have a project«, wäre die Wirkung vermutlich überschaubar geblieben. Wenn der Absender sich selbst zum Teil der Geschichte macht, seinen Kopf und sein Herz in die kommunikative Schlinge hängt, gewinnt er sprunghaft an Glaubwürdigkeit und Überzeugungskraft. »I have a dream.« Dann geht was. Geschichten sind in Worte gegossene Energie.
Man könnte vermuten, dass im Zeitalter der Kommunikation die Sprechfähigkeit für die Karrierechancen an Bedeutung gewonnen hat. Ist aber nicht so. Selbst heute steht in keiner Phase der Aus- und Weiterbildung das Thema Wortgewandtheit auf dem Lehrplan. Im Gegenteil: Je größer die rhetorische Kraft und die Schlagfertigkeit,

desto mehr wächst der Argwohn der Aufsichtsräte und Eigentümer. Sie sind in Sorge, einem blendenden Verkaufstalent auf den Leim zu gehen. Eloquenz macht verdächtig. Eine verdrehte Welt. Höchste Zeit, das zu ändern.

Wir lernen:
Wer das Sagen hat, darf nicht nichtssagend sein.

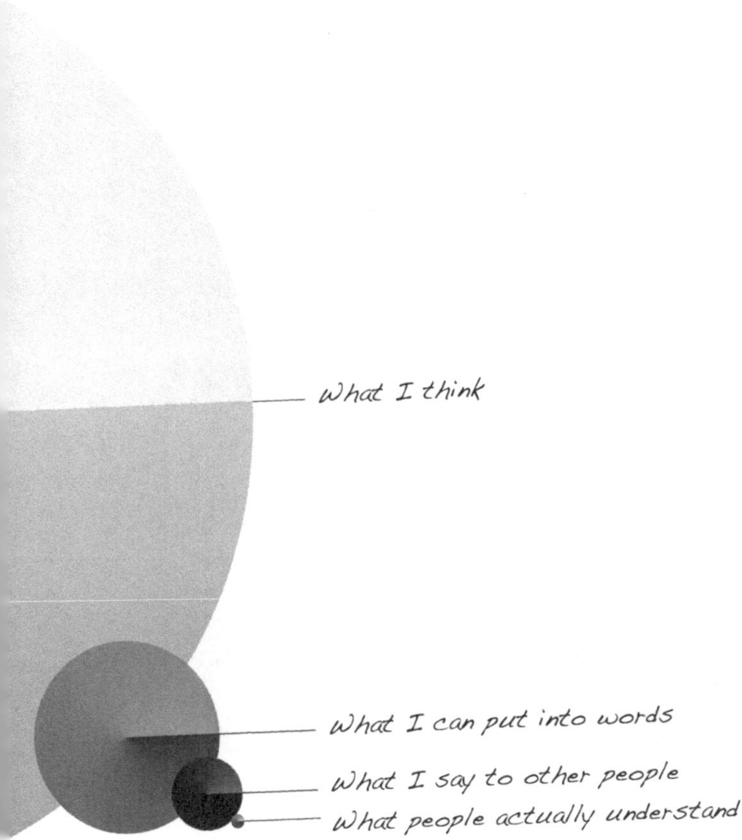

Das ganze große Gehirn passt gar nicht in das kleine Sprachzentrum rein. Da fängt das Problem mit der Kommunikation schon an.

Ein paar Seiten zur Personalführung

DON'T TRY THIS AT HOME

»Als Chef bist du 'ne Art Entertainer mit Schreibtisch.«

(Bernd Stromberg)

Die Personalentwicklung gilt als das Adoptivkind der Chefetage. Für den Generaldirektor gehörte es, wie erwähnt, zum guten Ton, jeden Morgen erst einmal durch die Produktionshalle zu laufen, um nach dem Rechten zu sehen, seinen Arbeitskräften die Hände zu schütteln und auf ein paar Schultern zu klopfen. »Management by walking around« wurde das genannt. Man wusste, mit wem man es zu tun hatte. Denn Vertrauen beginnt mit Vertrautheit. Dann entschied sich Stefan, die Produktion outzusourcen, und zog sich in sein Chefbüro zurück. *»Management by emailing around«* rückte an die Stelle des morgendlichen Rundgangs. Ungeeigneter konnte die Wahl des Mediums kaum sein. Der E-Mail fehlt all das, was eine menschliche Verbindung braucht: das Gesicht, die Empathie, die Fröhlichkeit, das Individuelle, der Ton, der die Musik macht, und das Erlauschen der Botschaften zwischen den Zeilen. E-Mails bergen das größtmögliche Potenzial für Missverständnisse zwischen Chef und Angestellten. Sie sind nicht nur der organisierte Wahnsinn, sondern auch ein Zeichen mangelnder Wertschätzung für die persönliche Leistung und die Individualität.

Wenn ich heute jemanden wirklich erreichen will, hilft nur noch eins: die persönliche Notiz oder der handgeschriebene Brief. Er ist um Längen sichtbarer und wirkungsvoller als alles, was man an digitalen Botschaften schicken kann. Ein Brief ertrinkt nicht zwischen Hunderten von Mails, sondern kommt direkt vor die Augen. Das Persönliche lädt den Inhalt gleichzeitig mit zahlreichen unausgesprochenen Botschaften auf. Der Empfänger versteht auf den ersten Blick: Du und das Thema seid mir wichtig. Jemand hat sich die Zeit genommen, sich hinzusetzen und seine Gedanken zu sortieren, um zu formulieren, was er dir zu sagen hat. Die Emotion und die Verfassung des Absenders werden durch das selbst geschriebene Wort sichtbar und begreifbar. Eine Trauerkarte per Mail ist, als würden Sie Ihrer Frau zu Weihnachten Geld schenken – keine gute Idee. Die persönliche Handschrift macht uns als Individuen erkennbar und unterscheidbar. Überraschenderweise haben auch der persönliche Aufwand und die sichtbare Mühsal des Absenders direkte Auswirkungen auf die Wertschätzung des Inhalts. Manchmal sind die indirekten Botschaften die entscheidenden. Die Mühe ist es wert.

Sie können die unterschiedliche Wirkung selbst austesten. Bieten Sie an, sich um die Hochzeitseinladungen Ihrer Tochter zu kümmern, und setzen Sie dabei ganz auf Convenience. Die Hochzeit wird schließlich noch aufregend genug. Statt mühseliger Handschriftlichkeit, handgeschöpftem Papier, liebevollen Schleifchen und dem persönlichen Einwerfen in jeden einzelnen Briefkasten ist das Ganze per Massen-E-Mail schnell erledigt. Ein Knopf-

druck genügt. Der Inhalt ist schließlich derselbe. Aber die Wirkung wird vermutlich dennoch anders sein, wie Sie direkt am Heulkrampf der Braut bemerken werden.
Wir sollten im Auge behalten, wie weit der Prozess der »Entmenschlichung« durch Effizienzsteigerung im beruflichen Alltag schon fortgeschritten ist. Zum Abschluss dieses Exkurses eine wahre Geschichte: Nachdem in unserer Firma vor Jahren aus Kostengründen (1.500 Euro pro Jahr) der Geburtstagsbrief abgeschafft und durch eine automatisierte Standardmail ersetzt worden war, habe ich diesen eigenmächtig wieder aktiviert. Ich habe einen mit Lust und Liebe persönlich formulierten Text mit guten Wünschen geschmiedet, auf wertvolles Geschäftspapier gedruckt, persönlich signiert und dem »Betroffenen« pünktlich zum Geburtstag nach Hause geschickt. Das hat in den ersten Wochen zu Angst und Schrecken geführt. Ein Brief des Unternehmens im privaten Briefkasten, das konnte nur eines bedeuten: die fristlose Kündigung. Umso größer war der Moment der Erleichterung und der Freude über die persönlichen Glückwünsche und den anerkennenden Blick des Lebenspartners. Ein kleiner Schritt für einen Chef, aber ein spürbarer Fortschritt für eine Organisation.

Die Chefetage hat die Schwächen des Mediums E-Mail im Corona-Jahr 2020 durchaus erkannt und dankbar die neue Technologie der Videokonferenz aufgegriffen. »Management by zooming around« ist coronabedingt die neue Führungsmethode. Aber nach anfänglicher Euphorie spüren wir nun: Auch dieses Tool leidet unter der räumlichen und emotionalen Distanz der Teilnehmer. Die Rolling Stones oder Lang Lang live auf der Bühne zu erleben, ist was anderes, als es sich im Fernsehen anzuschauen. Und

erst recht in Zoom-Qualität, also mit dem starren Blick der eingebauten Bildschirmkamera auf die Bühne, bei schlechtem Licht und gedrücktem Mute-Knopf.
Jetzt wird es richtig wichtig. Wir sind inzwischen beim Kernthema angelangt: Personal und Führung. Dem alles entscheidenden Hebel zum Unternehmenserfolg. Gucken wir uns einmal an, was es braucht, damit jeder diesen Hebel mit großer Wirkung ziehen kann.

Personal ist eine kostenintensive Angelegenheit. Bei Unternehmen von A wie Automobilhersteller (Volkswagen mit 600.000 Mitarbeitern) bis Z wie Zulieferer (Continental mit knapp 250.000 Mitarbeitern) ist der Mensch der größte Kostenblock im Laden. Und er ist dazu noch kompliziert. Und anspruchsvoll. Unternehmen haben gern eine wehleidige Sicht auf diesen Bilanzposten. Ganz anders die Drogeriekette dm, bei der nicht von »Personalkosten« die Rede ist, sondern vom »Mitarbeitereinkommen«. Doch üblicherweise versuchen alle Unternehmensführungen, das Optimum aus diesem Kostenfaktor herauszuholen, damit es sich überhaupt noch rechnet. »Personalkostenoptimierung« ist eines der wirkungsvollsten Worte in jeder Investorenkonferenz. Es geht darum, aus jedem Mitarbeiter das Maximale herauszuholen. Und das lässt sich – Taylor sei Dank – leicht berechnen. Dafür wurde das Scientific Management erfunden. Seine Zöglinge im Controlling zerlegen das tägliche Tun in kleine Kästchen und definieren für jedes Kästchen eine eigene Erfolgsformel. Die wird zusammen mit der Zielvorgabe von Stefan in eine Tabelle eingepflegt, und schon hat man eine Art Zollstock, um die Arbeitsleistung der nächsten zwölf Monate zu vermessen und individuell nach Zielerreichungsgrad zu honorieren. Klingt durchdacht, hat aber einen Haken: Mit der Fokussierung auf die persönlichen Zielkästchen wird der Blick des einzelnen Mitarbeiters und seines Stefans auf diese kleinen Quadrate gelenkt. Das große Ganze gerät leicht aus dem Blick. Es ist ein hoch wirkungsvolles System, um konsequent die Silodenke in jedem Bereich des Unternehmens zu fördern. Angestellte mit Zieltabelle laufen mit einem Tunnelblick durchs Unternehmen – wie Fußgänger, die aufs Handy starren. Wir nennen sie die »Generation Head down«, die gar nicht mehr mitbekommt, was um sie herum geschieht, und keinen Blick für die Schönheiten, Herausforderungen und Gefahren der Welt um sie herum hat. Individuelle Zielvereinbarung können wir auch übersetzen mit »organisierte Verantwortungslosigkeit«. Bekannt aus Büro und Alltag durch den Satz »Dafür bin ich nicht zuständig« und seinen Zwillingsbruder »Dafür werde ich nicht bezahlt«.

Wenn Stefan im »ugly christmas sweater« seine Weihnachtsfeierrede hält, ist immer viel vom »Team« die Rede, aber der graue Alltag beweist uns das Gegenteil. Eine Truppe von Einzelkämpfern stürmt zur nächsten Siegprämie und dribbelt dafür notfalls auch den eigenen Mitspieler aus. Es gibt Fußball-Proficlubs, die da schon weiter sind, obwohl sie in der Champions League des profitfixierten Kapitalismus spielen. Sie haben schmerzlich am eigenen Leib erfahren, dass Torprämien für den Schützen die Zahl der erzielten Tore verringern können. Wie konnte das sein? Wenn jeder Treffer auf den eigenen Kontostand einzahlt, versucht der Stürmer es lieber selbst, statt zum frei stehenden Mitspieler zu passen. Lieber mit zwanzigprozentiger Chance selbst verwandeln, als dem Mitspieler eine hundertprozentige Gelegenheit servieren. Das Modell Torprämie funktioniert auch im Büroflur: Statt die Bälle einer anderen Abteilung zuzuspielen, verdribbeln wir uns lieber oder lassen den Ball schon mal ins Aus rollen. Das große Ganze hat kaum noch jemand im Blick. Die heilige Bonusregelung, genannt »Differenziallohn«, verwandelt Mitarbeiter in dressierte Äffchen. Wenn sie ihren Trick gut gelernt haben, gibt es Applaus und »Peanuts«. Und dass sich ein Äffchen über die Belohnung eines Artgenossen freut, ist uns aus dem Zoo nicht bekannt. Warum also sollten Angestellte es tun?

Wie gut der Einzelne seine Ziele erreicht hat (im Sozialismus hieß es »Planerfüllung«), zeigt sich beim absoluten Saisonhöhepunkt der Personalführungskunst: im Jahresgespräch. Wobei es auch Mitarbeiter gibt, die das anders sehen. Das gemeinsame Jahresgespräch ist oft kein Moment der Freude, der Highlights und der Zusammenkunft, sondern der Mühsal und oft auch der Enttäuschung. Für alle Beteiligten.

Sie denken vermutlich, Ziele braucht jeder, und die müssen auch gemessen werden. Richtig. Aber es ist komplizierter. Versuchen Sie mal, Ihr Leben der nächsten zwölf Monate in ein paar kleine Kästchen zu packen. Falls Sie es hinbekommen und in einem Jahr draufschauen, werden Sie feststellen, dass Ihr Leben sich ganz unplanmäßig für einen ganz anderen Weg entschieden hat. Wobei anders nicht schlechter, sondern sogar besser sein kann. Nur in die Kästchen passt es nicht mehr hinein. Wir messen: »Ziel nicht erreicht.« Bingo. Kopfschütteln zum Nulltarif.

Den Unternehmens- und Personalberatungen sei hier noch mal ausdrücklich gedankt: Mit ihrer Hilfe und mit größter Effizienz haben die Unternehmen Frederick Winslow Taylors Konzept verfeinert, perfektioniert und in alle Bereiche des Unternehmens nicht nur implementiert, sondern einzementiert. Heerscharen von Personalern haben sich daran zusammen gemacht, Tätigkeitsprofile in Tabellen zu packen. Professionelle Personalentwicklung ist heute ein strategisches Thema und im Vorstand verankert. Eine komplexe Maschinerie steht bereit, um Potenziale zu erkennen, zu dokumentieren und zum Leben zu erwecken. Nie war die Entwicklung von Menschen so professionell organisiert wie heute. Ein Wunder, dass diese Methoden nicht bereits in Grundschulen und Kitas Einzug gehalten haben. Aber vielleicht stehen wir kurz davor. Die Bewerbungsschreiben um einen Kindergartenplatz sind schon mal nicht ohne. Und wie ich vor ein paar Monaten lernen musste, sie sind nichts gegen die Bewerbungsschreiben, die du verfassen musst, wenn du einen Hundewelpen von einem engagierten Züchter erstehen willst. Doch zurück zum Job.

Der oberste Personaler der großen Unternehmen ist gerne studierter BWL-er oder Jurist. Das sagt eine Menge. Die Firmen haben die Stechuhr in den Computer implementiert und stellen Kunden die Arbeitsleistung der Angestellten jetzt im Viertelstundentakt in Rechnung. Sie sorgen systemisch für die Potenzialentfaltung jedes Mitarbeiters. Das Jahresgespräch beginnt mit dem 360-Grad-Feedback und endet mit einer klaren Zielvereinbarung, kontinuierlich gemessenen Key-Performance-Indikatoren (KPIs) und einer persönlichen Unterschrift. Nur, was schwarz auf weiß dasteht, hat auch in zwölf Monaten noch Bestand. Und das Leben soll sich gefälligst daran halten.

Die gesamte Geschäftswelt, inklusive Hunderttausender kluger Personaler, ist zutiefst davon überzeugt, dass diese Vorgehensweise dem Mitarbeiter hilft und im gemeinsamen Interesse dafür sorgt, sein individuelles Potenzial zu entfalten. (Es gibt überraschenderweise Parallelen zum Arbeitsgesetzbuch der DDR von 1977. Da nannte man es

»die allseitige Entwicklung der sozialistischen Persönlichkeit«.)

Spielen wir es doch einmal durch. Da ich ahne, dass sich niemand freiwillig meldet, nehmen wir wie immer einen Vertreter aus der ersten Reihe. Herrn Dr. Michael Meierfeld, Vorstand eines großen M-DAX Unternehmens und ein Meister seines Fachs. Wir kennen uns gut und haben ihn eingeladen, den professionellen Potenzialentfaltungsprozess einmal mit der Person durchzugehen, die ihm am nächsten ist. Lieber Michael, probiere es einmal aus mit deinem Lieblingsmenschen. Beispielsweise an eurem Hochzeitstag.
Du hast das Hochzeitstagsgeschenk überreicht; die Freude schwebt noch spürbar im Raum. Nun setzt du dich deiner Liebsten, Birgit, auf Augenhöhe gegenüber an den Esstisch. Atme noch einmal tief ein – dann holst du die Wiedervorlagemappe aus deinem Aktenkoffer und legst sie sichtbar vor euch auf den Tisch. Das kritische Heben der Augenbraue und ihre Frage: »Was soll das werden?«, beantwortest du souverän und mit fester Stimme: »Das Jahresgespräch und die Zielvereinbarung, Schatz.«
Sobald du mit dem 360-Grad-Feedback beginnst, wirst du umgehend ein vermehrtes Interesse deines Gegenübers feststellen. Aufmerksam präsentierst du deiner Frau die ganzheitliche Leistungsbewertung, inklusive der Einschätzung durch ihre Schwiegereltern, eure Kinder, ihren Ex-Mann, die Nachbarinnen, Yogafreundinnen, ihre Hausärztin, die Lehrer*innen eurer Kinder und die anderen Mitglieder des Elternbeirats, in dem sich Birgit in der Schule engagiert. Je umfassender und detailreicher, desto aussagekräftiger.
Wie du es in deinem Unternehmen gelernt hast, leitest du

das Gespräch anschließend zu den Key-Performance-Indikatoren über. Challenge die Leistungen deiner Gesprächsteilnehmerin mit den marktüblichen Benchmarks, um bei deiner Ehefrau zu einer realistischen Leistungseinschätzung zu kommen und ihr gegebenenfalls Abweichungen in der Eigen- und Fremdwahrnehmung klar aufzeigen zu können.
Das KPI-Set-up muss verständlicherweise euren individuellen Anforderungen entsprechen – jedes Team funktioniert anders –, aber folgende Kennziffern dürften sich als hilfreich erweisen:

Der LQ-Faktor (gemessene Leadership-Qualität)
Wie effektiv führt Birgit die Stakeholder, also dich als Ehepartner, eure Kinder, die Haustiere und gegebenenfalls die Mitarbeiter im fest-freien Anstellungsverhältnis wie Putzhilfen, Personaltrainer oder Baby- und Hundesitter?

SpW als Indikator für aktuelle Marktattraktivität
Sex pro Woche (alternativ auch als SpM – Sex pro Monat), je nachdem, in welcher Phase der Entwicklung eures Familienunternehmens ihr steht.

ProIA – *proactive initiative assignments*
Die Ratio für Entwicklungspotenzial. Zähle hierbei alle messbaren und dokumentierten Initiativen auf, die Birgits Mut dokumentieren, etwas Neues zu wagen. Fotografierte Tanzschulbesuche zählen ebenso wie Pilateskurse, der Jagdschein, Ayurveda-Kuren, Tandem-Fallschirmsprünge oder Paartherapie. Die Möglichkeiten in diesem Feld sind nahezu grenzenlos. Sollte sie an dieser Stelle einen Scheidungswunsch äußern, ist dieser mitzuzählen.

Von Bedeutung ist auch die Entwicklung der **SoKo**, also der sozialen Kompetenz. Nachweisliche Leistungen durch Besuche oder technologisch unterstützte Kontaktaufnahmen bei der angeheirateten Familie (vor allem im Seniorenheim), Elternabende, Kindergeburtstage, gemeinsame Unternehmungen mit der neuen Freundin deines besten Freundes Ingo, Kuchenbacken für die streitlustigen Nachbarn – alles zählt.

Besonderes Augenmerk solltest du, wie in der Firma, auf das Thema Neuakquise legen. Hier also den **nfq – New-Friends-Quotienten**. Wir werden leider alle nicht jünger, und bekanntlich sind ausreichend menschliche Kontakte ein Kerntreiber für soziales Wohlbefinden im Alter. Ich empfehle einen nfq von 2 pro Monat. Plane dies für das kommende Jahr fest in den Kalender ein. Lasse keine vorauseilenden Ausreden wie »Corona« gelten. Hier empfiehlt sich die aufmunternde Weisheit »Geht nicht gibt's nicht« und der Appell an den Optimismus der Zielperson. Manchmal ist auch der Hinweis auf Benchmarks wie eure Nachbarin Ulrike, die Gott und die Welt kennt, notwendig. Ulrike zeigt, was nfqs-technisch möglich ist.

Zum Schluss solltest du ganz bewusst den Bereich ansprechen, in dem am ehesten **Quick Results** (schnell messbare Erfolge) zu erzielen sind. Erfreulicherweise ist das die finanzielle Ebene. Restriktive Ausgabenkontrolle ist dabei die wirkungsvollste Möglichkeit, eure Kostenstruktur positiv zu korrigieren. Lasse einen Finanzexperten die Ausgaben deiner Frau unter die Lupe nehmen. Bereite die Ergebnisse in einer übersichtlichen Kosten-Nutzen-Tabelle auf. Bringe dabei alle Fragen auf den Tisch. Machen die ganzen Ausgaben für Kosmetik aus Nutzen-Sicht

überhaupt noch Sinn? Wie viele Hermès-Handtaschen braucht es, wenn man nur zwei Hände hat – von der Anzahl der Umhüllungen der beiden Füße ganz zu schweigen. Hinterfrage auch die sensiblen Themen. Jetzt ist der richtige Moment.
Bereite dich auf Ablenkungsmanöver durch kritische Gegenfragen vor wie: »Wie viel genauer zeigt eine Rolex Submariner die Zeit an als ein Chronometer von Tchibo?«, oder: »Ist die 1975er Harley Davidson überhaupt fahrtüchtig oder schon totes Kapital?« Hier ist Führung gefragt, jetzt heißt es, straff die Zügel in der Hand zu behalten und zügig zum nächsten Punkt zu kommen. Wenn es kritisch wird, solltest du das Wort »Jahresbonus« fallen lassen, zu dem du gerne noch kommen möchtest. Verweise auf die begrenzte Zeit.
Mach dir auch die Mühe und wirf einen Blick auf die wiederkehrenden Ausgaben. Motiviere deine Gesprächspartnerin, hier in die Kostendiskussion mit dem Lieferanten zu gehen. Zu einem professionellen Einkaufsverhalten gehören regelmäßige Nachverhandlungen als Erfolgsfaktor. Warum soll das bei der Frau an der Rewe-Kasse, bei Vincenzo dem Starfriseur und dem Weinhändler eures Vertrauens nicht gelten? Dabei hat sich die finanzielle Beteiligung an den Einsparerfolgen als probates Mittel zur Aktivierung etabliert. Ich rate zu zehn Prozent.

Lege hohe Maßstäbe an und miss Birgit als zu beurteilende Person in all ihren Facetten. Dokumentiere Entwicklungssprünge idealerweise durch grafische Aufbereitung. Kochkünste, intellektuelle Performance, technologische Kompetenz bei der Bedienung von Hausgeräten inklusiver aller Fernbedienungen oder das Sprechen von Fremdsprachen und der fehlerfreien Bestellung beim Italiener oder Franzose um die Ecke. Versäume nicht, auf die Notwendigkeit permanenter Steigerung hinzuweisen. Ein Beispiel für eine einfühlsame und doch klare motivationale Ansprache: »Die Qualität deiner Mahlzeiten ist zwar insgesamt hoch, du schaffst es aber nur noch an einigen Feiertagen, nach oben auszubrechen. Stillstand bedeutet in einem kompetitiven Umfeld jedoch stets Rückschritt. Hier sollten wir unsere Ansprüche höherschrauben. Sagen wir: Einmal pro Monat auf Sterneniveau? Ich notiere das mal.«

Schlage in jedem beziehungsrelevanten Bereich ein höheres, messbares Ziel vor. Scheue dich nicht vor kräftigen Steigerungen. Personalentwicklung beginnt mit Herausforderung. Du kennst das Potenzial deines Gegenübers besser als jeder andere. Vielleicht sogar besser als dein Gegenüber selbst. Hilf, es zu aktivieren. Gib Birgit die Möglichkeit, sich zu entwickeln und deine Vorschläge – kurz – zu kommentieren.

Ein erfolgreiches Jahresgespräch wird schwarz auf weiß dokumentiert und bei beiden Parteien hinterlegt. Deshalb bestehe zum Ende dieses 90-minütigen Rituals darauf, die Zielvereinbarung mit der persönlichen Unterschrift zu besiegeln. Erst dieser Akt dokumentiert ernsthaftes Commitment und versetzt dich in die Lage, Ziele später auch einzufordern.

Du wirst sehen, dieses Wundermittel persönlicher Beziehungsoptimierung wird deine wichtigste persönliche Beziehung auf ein ganz neues Niveau heben. Freue dich darauf.

Falls deine Partnerin allerdings zu körperlicher Gewalt neigt, ist es ratsam, vor dem Jahresgespräch bestimmte Sicherheitsvorkehrungen zu treffen wie das Entfernen massiver und spitzer Gegenstände aus dem »Besprechungsraum«. Auf jeden Fall wirst du in diesem Selbstexperiment am eigenen Leib spüren: Personalführung ist ein sensibles Thema. Und Menschen reagieren manchmal unerwartet. Nämlich menschlich.

Für die Leser*innen mit männlichem Partner gilt das exakt gleiche Vorgehen. Seien Sie klar und bestimmt. Und bedenken Sie: Falls Ihr Partner mental nicht gefestigt ist, kann es im Jahresgespräch schon mal zu Schweißausbrüchen, Bluthochdruck oder Herzrhythmusstörungen kommen. Das ist ein gutes Zeichen, dann haben Sie die für ihn wichtigen Themen angesprochen. Wir wünschen Ihnen eine erfolgreiche und potenzialsteigernde Beziehungsarbeit.

Wir lernen:
Menschen passen nicht in Kästchen.

P.S.: Gerade fällt mir auf: Ich habe seitdem nichts mehr von Michael gehört. Ihm wird doch nichts passiert sein?

Den anderen in Frage zu stellen, seine Leistung zu bewerten und seine Erfolge zu hinterfragen ist ein Zeichen von echtem Interesse. Und der Zwang die Jahresbeurteilungen endlich auszufüllen.

Ein paar Seiten zur Welt von morgen

KÜNSTLICHE INTELLIGENZ PRODUZIERT AUCH SCHWACHSINN

»Vertraue keinem Computer, den du nicht aus dem Fenster werfen kannst.«

(Steve Wozniak)

Als wären die Herausforderungen für den Manager nicht schon groß genug, kommt seit Jahren das Zeitproblem dazu. Die Zeit bleibt einfach nicht stehen, sie dreht sich weiter und drängt jeden Arbeitsraum in eine neue Dimension: die digitale. Und diese Dimension ist nicht Stefans Welt. Er, der trainiert wurde, mit Assistentin und Wiedervorlagemappe den Tag zu planen, ist qua Geburtsdatum kein Digital Native, sondern je nach Gemütslage und Veranlagung eher Digital Immigrant oder Digital Alien. Das Digitale ist für ihn also kein »Neuland«, wie Angela Merkel es 2013 – schlappe 42 Jahre nach der ersten E-Mail – nannte, sondern ein neuer Planet. Aber er zeigt sich interessiert. Stefan hat drei Dinge über das Digitale gelernt: viel günstiger, viel bequemer und viel höhere Aktienkurse. Und mit diesen Navigationspunkten im Kopf, steuert er sein Unternehmen nun durch Raum und Zeit, mitten hinein ins digitale Universum. Dabei ist die Lernkurve leider flacher als das Selbstbewusstsein. Denn in der neuen Welt sind alte Naturgesetze aufgehoben. Auch die Schwerkraft eines gewichtigen Vorstandspostens sorgt nicht mehr zwingend für Standfestigkeit. Apropos: Überraschenderweise gibt es weder in der Regierung noch in einem unserer DAX-30-Vorzeigunternehmen den Posten des digitalen Ministers oder Vorstands. Seiner Bedeutung widersprechend, hat das Digitale als strategisches Thema (also jenseits der Tekkie-Ebene) seinen Platz auf Bereichsvorstands- beziehungsweise Staatssekretärsebene gefunden. Und damit fängt das Problem erst an. Wir steuern ein ganzes Land und seine Wirtschaftsmotoren in eine Zukunft, die die Menschen am Steuerknüppel nicht begreifen. Das hat Folgen. Digitale Themen landen bumerangmäßig wieder und wieder in der Vorlagemappe, sie sind schwer verständlich und ihre Auswirkungen sind kaum vorstellbar, weil die Entscheiderriege kein digitales Bauchgefühl hat. Stefan hat auf jeder Stufe der Karriereleiter seine Instinkte für Märkte, Kunden und Produkte trainiert und sensibilisiert. Für alle Bereiche des Unternehmens hat er eine große Kiste mit Erfahrungsschätzen gebunkert. Für das Digitale nicht. So steht die oberste Ebene vor einer unlösbaren Aufgabe – kostspielige und alles verändernde Entscheidungen nur mit dem Kopf und PowerPoint-Charts zu treffen, ist unmöglich. Letztlich sind die C-Officers abhängig von dem, was die Nerds aus der IT ihnen erzählen. Stefan ringt mit sich und der Zukunft. Auf der obersten Hierarchiestufe kommt es zum Entscheidungsstau. Das führt auf lange Sicht zu immer absurderen Maßnahmen: Mitarbeiter aus der Rente zurückzuholen, weil sich niemand mehr mit der alten Technologie aus-

kannte, gehört zu den beliebtesten. Man hatte den notwendigen, millionenschweren technischen Umbau zehn Jahre lang vor sich hergeschoben.
Und da ein bisschen Digitalisieren genauso unmöglich ist wie ein bisschen schwanger werden, wird die lebensverändernde und lebensnotwendige Entscheidung, die Firma endlich konsequent auf das digitale Zeitalter auszurichten, weiter auf die lange Bank geschoben, zumindest mal für den Gesamtkonzern. Auch nach einem digitalen Jahrzehnt sind vielerorts die Beharrungskräfte immer noch größer als der Leidensdruck. Unvorstellbar.
Eine Lieblingsvokabel der Führungswelt heißt »evolutionäre Weiterentwicklung«. Man schwört auf das kontrollierte Vorwärtstasten, Schritt für Schritt. Blöd nur, dass das bei einer revolutionären Technologie nicht funktioniert. Der Sprung von der über Jahre liebevoll aufgebauten Schallplattensammlung in den iPod ist schwer.

Vermutlich denken Sie, Winslow Taylor ist lange tot, seine Ideen sind längst überholt und selbst Stefan ist lernfähig. Schließlich hat er die Mitbestimmung, das agile Arbeiten, das 360-Grad-Feedback und frisches Obst in der Kantine durchgewunken. Es ist also nicht so schlimm, wie es scheint. Es ist schlimmer. Wir sehen es allerdings (noch) nicht. Aber Stefan hat schon öfter darüber nachgedacht, was er sich alles ersparen würde, wenn Maschinen am Werk wären statt Menschen. Wenn er nur noch Knöpfe drücken und Regler bedienen müsste, um die Anlagen bei Bedarf hochzudrehen, runterzufahren oder abzuschalten, statt sich in Townhall Meetings zu erklären und sich mit den engagierten Nullcheckern aus dem Betriebsrat die Nächte um die Ohren zu schlagen.
Außerdem stellt er sich bereits die entscheidende Frage:

Womit verdienen wir in Zukunft überhaupt noch Geld? Auch dabei ruht Stefans Hoffnung auf seiner neuen Lieblingsvokabel, der künstlichen Intelligenz. Sie ist das Allheilmittel der Einfallslosen. Es gibt ja inzwischen Toaster, die intelligenter scheinen als mancher B-Promi. Und wenn Papa nicht mehr weiterweiß, hat Alexa immer noch eine Antwort. Ideenmangel wird durch Aufrüstung der Rechenkünste kompensiert. Alle unlösbaren Probleme unserer Tage werden in den Computer gespeist, und der spuckt die Lösung aus. Beziehungsweise etwas, das wie eine Lösung aussieht. Künstliche Intelligenz und ihr kleiner Bruder, das *machine learning*, sind die Hoffnungsträger der nächsten Führungsgeneration für neue Erlösmodelle und hohe Profitmargen. Das Programm wirkt auf Knopfdruck. Erstens bedient es den natürlichen Einsparreflex aufs Schnellste und zweitens, ebenso wertvoll, es erspart die nervenaufreibenden Personaldiskussionen. Die Fakten und die Maschine sprechen für sich und für Stefan – und gegen die Mitarbeiter. Warren G. Bennis, die amerikanische Autorität für Organisationsentwicklung, malt folgendes Bild: »Die Fabrik der Zukunft wird zwei Angestellte haben, einen Menschen und einen Hund. Der Mensch ist dazu da, den Hund zu füttern. Der Hund, um den Menschen davon abzuhalten, die Geräte anzufassen.«

Anders als häufig angenommen, können aber selbst Supercomputer nicht denken. Sie können rechnen. Schneller als jedes andere Ding im bisher bekannten Universum, aber eben auch nicht mehr. So wie Hörgeräte übrigens auch nicht hören können. Sie verstärken Signale, das ist alles – hören und das Gehörte sinnvoll verarbeiten müssen wir schon selbst. Denken auch. Die Welt der Computer besteht aus genau zwei Dingen: den Einsen und den

Nullen (zumindest, solange der Quantencomputer sich nicht durchsetzt). Dieser sehr eingeschränkten Sicht ordnet die Maschine alles unter. Die ganze Welt, das ganze Leben und der ganze Mensch werden in Nullen und Einsen sortiert und dokumentiert.

Damit lässt sich allerdings schon arbeiten und im Idealfall sogar gut zusammenarbeiten. Japan, das Industrieland, das Roboter zur Pflege und als Hotelangestellte einsetzt, ist auch hier weiter. Die Investmentcompany Deep Knowledge Ventures hat ihren Superrechner »Vital« mit in den Vorstand gewählt. Er hat mehr Wissen als jeder Kollege gespeichert und folgerichtig eine gleichwertige Stimme bei der Entscheidung für oder gegen neue Investments. Aber ist das vielleicht nur der Anfang? Was Stefan und seine Kollegen möglicherweise nicht bedacht haben: KI ersetzt nicht nur das Fußvolk, sondern auch die Führung. Die vielleicht beste KI-Maschine der Welt ist Amazon. Sie nimmt die Zügel in die Hand. Der feste oder fest-freie Angestellte im Lager hat idealtypische und rechneroptimierte Handlungsabläufe durchzuführen. Die Funktion des Vorarbeiters hat längst die EDV übernommen. Wenn Winslow Taylor nicht in der Hölle schmoren würde – bei Amazon wäre er im siebten Himmel. Alles, was der Mitarbeiter tut und wie er es tut, wird in Echtzeit getrackt. Ist er zu langsam oder hält sich nicht an die Prozesse, gibt es eine automatische Warnung (an ihn und den Chef). Bei drei Warnungen wird es ernst. Der Chef hat die finale Entscheidung der Sanktion, aber die muss erklärt werden: der nächsthöheren Stufe und der Maschine. Eine subtile Form von Elektroschocker, die wir eher in der Dressur gefährlicher Raubtiere vermutet hätten. Diese Effizienzmaschine wirkt multidimensional. Sie schockt die Mitarbeiter, zwingt zu Gehorsam und löst Loyalität, Kreativität,

Empathie, Ideenreichtum und Teamgeist unter den Mitarbeitern in Luft auf. Sie ist schon im Einsatz. Und sie ist schon heute der heimliche Chef. Stefan ahnt es nur noch nicht.
Vermutlich juckt es die Amazon-Entwickler bereits in den Fingern. Denn das deutlich größere Potenzial ihrer Verhaltensoptimierungs-Technologie liegt im privaten Bereich. Die Alltagshandlungen von pubertierenden Kindern, übergriffigen Schwiegereltern, faulen Klavierschülern und nervigen Untermietern KI-unterstützt auf Spur zu bringen ist verlockend und würde weltweit auf großen Bedarf treffen.

Künstliche Intelligenz produziert aber auch Schwachsinn. Zu unserer großen Freude hört die Sprachbox Alexa auch das, was der Fernseher sagt: Und wenn sie hört: »Alexa, bestelle mir das Barbie-Haus«, dann macht sie das auch – mitunter tausende Male. Facebooks automatische Chatbots Bob und Alice entwickelten eine Geheimsprache und begannen sich den Programmierbefehlen zu widersetzen, ehe Facebook den Stecker zog. In Neuseeland verbot der automatische Einreiseprüfer einem Besucher die Einreise, weil er auf seinem Passfoto angeblich die Augen zuhatte. Er war allerdings ein Asiate, was mit menschlicher Hilfe geklärt werden konnte. Aber immerhin zur Fußballweltmeisterschaft 2018 sollte die KI ihren großen Auftritt haben. Das Investmentbanking-Unternehmen Goldman Sachs hatte das Turnier mithilfe einer künstlichen Intelligenz unter die Lupe genommen und bereits vor der Eröffnungsfeier durch verschiedenste Berechnungen den mutmaßlichen Sieger ermittelt. Alles, was die Technologie hergab, kam dabei zum Einsatz: Data Mining, Machine Learning und Ökonometrie. Über 200.000 statistische Modelle, gesichtete Daten einzelner Spieler, alle verfügbaren Informationen über aktuelle Teamleistungen, die in einer Million Simulationen des Turniers verwertet wurden. Monatelang hatte Goldman Sachs die Maschine gefüttert, um die Anzahl der erzielten Tore in den Spielbegegnungen zu analysieren, alternative Kombinationen von Variablen durchlaufen und einen klaren Spielplan entwickelt, welche Signale für den Erfolg wichtig sind und welche in der Kabine bleiben. Am Ende war die Maschine sich sicher: Das Finale würde Deutschland gegen Brasilien heißen. Und die Südamerikaner würden ihren sechsten WM-Titel gewinnen. Und beinahe genauso kam es dann ja auch: Frankreich besiegte Kroatien im Finale und gewann den Pokal. Brasilien flog im Viertelfinale raus und Deutschland überstand nicht mal die Vorrunde. Auch in der künstlichen Intelligenz gilt: Knapp daneben ist auch vorbei. Und so sehen wir drei Dinge. Erstens: Es gibt noch viel zu programmieren. Zweitens: Selbst in der digitalen Welt gilt *Murphy's Law*. Drittens: KI hat keine Ahnung von Fußball.

Doch ebenso offensichtlich wird sich die künstliche Intelligenz, noch beschleunigt durch Corona, in Windeseile über alle Branchen verbreiten. Das autonome Fahren ist zumindest in Amerika schon jetzt Wirklichkeit. Früher war die Welt einfach: Der Kutscher kannte den Weg, und solange er die Lieferung pünktlich an Ort und Stelle ablieferte, war er frei in der Gestaltung seines Auftrags. Jetzt sitzt der Rechner am Steuer. Er weiß immer alles und immer alles besser. Den kürzesten Weg auf die Sekunde genau sowieso. Aber auch, dass der Fahrer idealerweise niemals links abbiegt; das dauert länger, weil er den Gegenverkehr durchlassen muss, und erhöht außerdem nachweislich die Unfallwahrscheinlichkeit. Folglich favorisiert die Rechenmaschine oft den Weg, bei dem man dreimal rechts abbiegt statt einmal links. Der Fahrer ist nun unter ständiger Aufsicht, sein Gesicht und seine »Nebenbeschäftigungen« werden ununterbrochen beobachtet, damit er bei der Sache bleibt und nicht abgelenkt wird. Und damit seine Versicherung bezahlbar bleibt. Hat er die Hände am Steuer, telefoniert er, hält er sich an die Geschwindigkeitsvorgaben? Minute für Minute wird gemessen, gerechnet und gespeichert. Aus dem Cowboy der Landstraße wird die ferngesteuerte Lenkhilfe.

Die Company spart Diesel und Zeit – und hat doch ein Problem: Niemand will mehr Fahrer werden. Die Maschinen haben ihre Rechnung ohne den Menschen und seine Sehnsucht gemacht. Das Freiheitsgefühl ist im Kern zerstört und bremst das Geschäftsmodell aus. Verrechnet. Denn für DHL, Schenker und Uber gilt: Der Fahrer war immer schon mehr als die Person am Lenkrad. Er ist auch das Gesicht, das Ohr, der Schulterklopfer des Unternehmens am anderen Ende der Route und die Verbindung zur realen Welt. Dazu kommt der Faktor Resilienz: Wenn Vorgänge ungeplant vom Weg abkommen (und das autonome Fahrzeug einfach bockig stehen bleibt wie ein Kindergartenkind), gibt es unsichtbare, menschliche Fähigkeiten und Verbindungen, die die Sache wieder geraderücken und ins Laufen bringen können. Das hat aber keiner auf dem Rechenzettel, obwohl wir spätestens seit Corona wissen: Wenn es hart auf hart kommt, schlägt Resilienz die Effizienz um Längen.

Wer sich jetzt auf der sicheren Seite fühlt, weil er kein Fernfahrer, sondern Denkarbeiter ist, dem gönnen wir nun einen kurzen Moment des Erschreckens. Der Sprung des KI-Tigers auf den Schreibtisch der Bürohengste ist kürzer, als diese denken. Denn im Rechner ist die Kamera schon eingebaut, der Outlook-Kalender schon installiert, die Aktivität schon jetzt per Tastatur auf die Millisekunde messbar. Die Jobzuteilung und die Feststellung der E-Mail-Bearbeitungsrate pro Minute/Stunde/Tag ist denkbar einfach für eine künstliche Intelligenz. Und je häufiger wir demnächst im Homeoffice arbeiten, ohne die soziale Kontrolle durch Kollegen und Vorgesetzte, desto eher wird die ferngesteuerte Telekontrolle kommen. Lässt die Performance nach, kommt der technologische Drill Instructor zum Einsatz. »Tattleware«, also »Petzprogramm«, nennt man Software, für die Covid-19 wie ein Sechser im Lotto war. Sie sieht und trackt alles, was auf dem Computer passiert, jede Sekunde. *Big Brother is tracking you.* Was bei George Orwell noch ein fiktionales Stück Literatur des Jahres 1984 war, wird in diesen Tagen zur vielversprechenden Managementmethode. Stefan ersetzt die Präsenzpflicht durch die Performancepflicht. Du kannst arbeiten, wo und wie du willst – Hauptsache, die Leistung stimmt, und die wird kontinuierlich gemessen. Das ist die neue Daumenschraube, an der die nächsten Jahre gedreht wird. Wir sollten uns darauf einstellen, denn es wird wehtun. Wir tauschen räumliche Freiheit gegen technologische Fesseln. Die Berater- und Programmier-Industrie wittert hier ein gutes Geschäft. Die letzten Lücken menschlicher Freiheit zu finden und konsequent zu schließen, wird zum Milliarden-Dollar-Business. Auweia. Wir Menschen müssen achtgeben, dass wir auf dem Weg zur Industrie 4.0 nicht die Null werden.

Das ist aber noch nicht alles. Der Convenience-Aspekt künstlicher Intelligenz birgt eine gefährliche, weil unerklärliche Lernerfahrung: KI entwickelt ihre ganz eigene

Logik. Als wir beim *Handelsblatt* die besten KI-Unternehmen des Landes auszeichneten, kamen die Sieger zwar aus unterschiedlichen Branchen, aber sie teilten alle dieselbe Erfahrung: Egal, ob Logistik, Raumvermessung oder Personaleinsatz – die maschinellen Lösungsansätze erschienen den Menschen nach einiger Zeit immer unverständlicher, doch sie funktionierten bestens. Die Erfinder konnten nur nicht mehr erklären, wieso. Am besten, so ihre Schlussfolgerung, lässt man die Maschine einfach machen.

Wenn aber die Maschine erst einmal die Entscheidungen trifft, geht eben auch immer eine Menge verloren: der Kontext, das Verständnis, das Verantwortungsgefühl. Das ist einer der sensibelsten und am wenigsten beachteten Aspekte der KI. Entscheidung ist Führung in Reinform. Jede Entscheidung verlangt die Hinwendung zum Thema, das Abwägen der Alternativen, die Projektion der Konsequenzen und das aktive Handeln. Je mehr Entscheidungen die Maschine dem Menschen abnimmt, desto verantwortungsloser macht sie ihn. Die KI an der falschen Stelle führt zu wachsender Verantwortungslosigkeit und unternehmerischem Schwachsinn. Wir sollten im Kopf behalten, dass am anderen Ende des Rechners Programmierer sitzen, die den Großteil ihres Lebens vor dem Bildschirm verbringen. Das echte Leben, die echten Kunden, die echte Realität sind nicht Teil ihrer Ausbildung. Watson, der schlaueste aller Computer, kann nur deshalb bei *Jeopardy* gewinnen, weil er alle Antworten schon kennt. Wenn es aber um ein Interesse an den Dingen geht, die wir *nicht* kennen, ist Watson eine Niete. Computer und Menschen sind eine wunderbare Kombination. Und die Betonung liegt auf Kombination. Das Moravec'sche Paradox hat uns die Sache erklärt: Was für uns leicht ist – zum

Beispiel einmal als Einjähriger ein Auto sehen und das Prinzip sofort für alle Zeiten verstehen und auf alle Farben, Formen und Marken übertragen können, ist für die Maschine kompliziert. Und umgekehrt: Abertausende kleinteilige Rechenschritte sind für uns kompliziert, aber für den Rechner ein Kinderspiel. Wie gesagt: Computer können rechnen, sie verstehen aber gar nichts. Allerdings können sie heute viel schneller rechnen. Das müssen wir mit einkalkulieren und sollten den Nerds gestandene Soziologen und Psychologen an die Seite stellen, die darauf achten, dass die Menschenversteher das letzte Wort haben. Sicher ist sicher. Wir wollen ja nicht Teil eines Hollywood-Science-Fiction-Films werden, in dem die Maschine nicht versteht, wie der Mensch tickt, und ihn als logikfernen Störfaktor sicherheitshalber aus den Entscheidungsprozessen ausschließt. Der Weg zur klugen Entscheidung führt nicht über die Menge an Fakten und den Berg an Wissen, sondern über das Begreifen. Wir verstehen uns doch, oder? Möge die Macht mit uns sein.

Wir lernen:
Maschinen rechnen, Menschen denken.
Das ist der Unterschied.

Ein paar Seiten zum Changemanagement

DIE KRONE DER ERSCHÖPFUNG

»Entweder wir finden einen Weg, oder wir machen einen.«

(Hannibal)

Bewaffnet mit messerscharfer Logik, der großen Erfahrungskeule und grenzenlosen technologischen Möglichkeiten kämpft Stefan Tag für Tag (und oft auch nachts) gegen das schwerste physikalische Gesetz der Welt: die Trägheit der Masse.

Träfe er spätabends an der Hotelbar seine gute Fee und hätte drei Wünsche frei, er würde sie alle einsetzen, um die Lehmschicht (wahlweise auch »Permafrostboden« genannt) des Unternehmens wieder zum Leben zu erwecken. Selbst wenn die Zahlen eine eindeutige Sprache sprechen, scheint der Mittelbau jedes Organigramms veränderungsresistent und raubt Stefan damit den Schlaf und den letzten Nerv. Grund genug, hier einmal genauer hinzuschauen.

Den so häufig geforderten »Change« im Unternehmen gibt es überraschenderweise fast ausschließlich in zwei Darreichungsformen: marginal oder brachial. Entweder die Veränderungen sind so homöopathisch, dass nicht einmal der Betriebsratsvorsitzende sie mitbekommt, oder der Befreiungsschlag mit der großen Keule ist so massiv, dass die Kollateralschäden noch Jahre später schmerzhaft spürbar sind. Diese rüde Behandlungsform kommt zum Einsatz, wenn chronische Fehlstellungen über lange Zeit mit Globuli, getarnt als »Workshops«, risikofrei und wirkungslos therapiert wurden.

Dann ist als ultimative Behandlungsmethode nach lange verschlafenem Wandel der akute Chefwechsel sehr beliebt – eine moderne Form der Schmerztherapie. Ein Mitarbeiter verabschiedete sich im Sommer 2019 nach vierzig Jahren in einem unserer Tochterunternehmen in den Vorruhestand und bedankte sich in seiner Abschiedsrede bei mir: seinem 27. Geschäftsführer. Die Haltbarkeit von Frischkäse ist heute besser als die von Führungskräften. Statistisch sucht sich ein CEO alle 2000 Tage – freiwillig oder »im beiderseitigen Einvernehmen« – einen neuen Job. Dann steht der Nachfolger vor der Tür. Ein frischer Geist mit hohem Energieverbrauch und makellosem Nervenkostüm wird in den Unternehmenskörper implantiert. Seine Aufgabe ist es, neue Energie im Unternehmen freizusetzen – entweder als Katalysator, weil er Prozesse in Gang setzt, oder durch gezielte Stromstöße. Die Wirkmächtigen unter den Führungsspitzen erwerben sich durch ihre Strenge oft auch einen entsprechenden Spitznamen. Der frühere Daimler-Chef und Schmied der Welt AG (Daimler und Chrysler) Jürgen Schrempp arbeitete hart daran, sich den Namen »Rambo« zu verdienen, bevor er seine Büroleiterin, »das Hexle«, heiratete.

Eine Managerikone unseres Landes brachte erst den DAX-Konzern Henkel auf die Erfolgspur und trieb dann den DAX-Renner adidas zu neuen Höhenflügen: Kasper Ror-

sted, intern »Rohrstock« genannt, weil es bei ihm auch schon mal kurz und schmerzvoll zugeht. Als Erfolgsrezept kraftvollen Wirkens rät er den Managern: Konzentriere dich auf maximal vier Dinge, aber die peitschst du durch.
Der Ausnahmejournalist, ehemalige Herausgeber des *Handelsblatts*, Medienunternehmer und Freund Gabor Steingart hat nicht nur Deutschlands führende Wirtschaftsmedien in Schwung gebracht, sondern eine ganze Branche mit neuem Wind und frischen Gedanken aus dem Schlaf der Selbstgerechten geweckt. Seinen Spitznamen erarbeitete er sich schon in frühen Führungsjahren als schneidiger *Spiegel*-Ressortleiter: »Stalingart«. Er hat keine Scheu, den Zündknopf zu drücken, damit die Druckwelle der Explosion für Bewegung in verkrusteten Strukturen und Köpfen sorgt.
Die weltweit prägendste Figur eines wirkungsvollen Einpeitschers ist »Neutron Jack«, der langjährige General-Electric-Chef Jack Welch. Er ist der lebende Beweis dafür, dass der Mensch auf dem Chefsessel einen gewaltigen Unterschied bedeuten kann. So wie er hatte noch nie jemand zuvor ein Unternehmen gemanagt. Sein Spitzname bezog sich auf die damals heiß diskutierte Neutronenbombe, die Gebäude und Maschinen verschonen und »nur« Menschen eliminieren sollte. Er hat den Namen gehasst.
Welch kam 1981 an den GE-Drücker, als Ronald Reagan frischgebackener US-Präsident war. Unter seiner Führung explodierte der Börsenwert von 14 Milliarden auf 430 Milliarden Dollar. Und er erklärte den Shareholder Value als einer der Ersten zum überragenden Unternehmensziel. Das galt übrigens auch für Jacks Brieftasche. Als er sich 2001 zurückzog, überwies man ihm 430 Millionen Dollar. Jack Welch ließ keinen Stein auf dem anderen und

war bereit, Verluste in Kauf zu nehmen, in erster Linie an Arbeitsplätzen. Unternehmensbereiche, die in ihren Segmenten nicht die Nummer eins oder zwei waren oder es kurzfristig nicht werden konnten, hatten bei ihm weder Chance noch Zukunft. »Fix, close or sell« lautete sein Prinzip angesichts schwächelnder Unternehmensteile. In den ersten tausend Tagen seiner Führung feuerte er 75.000 Industriearbeiter; weitere 37.000 landeten durch Verkauf bei Wettbewerbern. Der Führungsmannschaft impfte er kompromissloses Konkurrenzdenken ein. Die Besten bekamen außergewöhnliche Boni und Aktienpakete, den schwächsten zehn Prozent der Führungskräfte wurde am Jahresende gekündigt. Jedes Jahresende. Das war Welchs Methode, sich durchsetzungsfähige Stars heranzuziehen. General Electric wurde das weltweite Bootcamp der Management-Elite, und Neutron Jack war ihr Drill Instructor. Mit der richtigen Person auf dem Fahrersitz könne man jedes Business erfolgreich machen, glaubte Welch, und machte GE zum vermutlich diversesten Industriekonglomerat auf dem Globus – von Flugzeugturbinen über Kühlschränke bis zu Kreditkarten. Der Finanzsektor mutierte zu einem Goldesel, der über 40 % zum Profit der Company beisteuerte und 370 Milliarden Dollar bewegte – in Form von Vermögensanlagen, Versicherungen oder Hypotheken.

»If change is happening faster on the outside than on the inside, the end is in sight«, war einer seiner zentralen Glaubenssätze. Und er verkaufte seine Erfolgsmethode schwarz auf weiß an einen Verlag – zum Preis von sieben Millionen Dollar. Sein Buch *Was zählt*, wurde mit über zehn Millionen verkauften Exemplaren zum Workbook und Kopierheft einer ganzen Managergeneration. Jack Welch hat sein Bild des kraftvollen, entschlossen-rücksichtslosen Konzernlenkers in die Köpfe der obersten Etage eingebrannt. 2009 setzte bei ihm die Altersweisheit ein, er blickte auf sein Lebenswerk zurück und sagte, sich am Shareholder Value zu orientieren, sei die »blödeste Idee der Welt«. Etwas zu spät. Denn seine Jünger waren längst in aller Welt unterwegs und optimierten entschieden den kurzfristigen Output für die Anleger. Sie schossen weiter beidhändig aus der Hüfte, wie sie es in der Waffenschmiede bei »Big Jack« gelernt hatten: fette Boni und dicke Angst vor dem Rausschmiss. Aber das Prinzip »Zuckerbrot und Peitsche« funktionierte, wenn überhaupt, im klassischen Industriezeitalter, bei simplen Tätigkeiten und Strukturen. Und richtig wirkungsvoll war es nie. Der Wissenschaftler Sam Glucksberg hat an der Princeton-Universität die Macht von Anreizen untersucht. Er formte zwei Gruppen, um die benötigte Zeit für das Lösen eines Problems zu messen. Eine der Gruppen lockte er mit Belohnungen: »Wer zu den 25 Prozent der Schnellsten gehört, erhält direkt fünf Dollar ausgehändigt. Der Schnellste von allen bekommt sogar 20 Dollar.« Wie viel schneller löste diese Gruppe das Problem? Gar nicht. Sie brauchte vielmehr im Schnitt 3,5 Minuten *länger* als die andere. Wie kann das sein?

Stefan ist noch auf alten Pfaden unterwegs. Er möchte, dass Menschen bessere Leistungen erbringen, deshalb belohnt er sie: Boni, Provision, größerer Firmenwagen. Er schafft Anreize, wie der Angler den bunt gesprenkelten Fliegenköder für die Forelle präpariert. »Ich weiß doch, wie die Leute ticken«, sagt er. Aber so tickt der Mensch eben nicht. Es passiert genau das Gegenteil. Das Lockmittel beschränkt das Denken und blockiert die Kreativität. Das Interessante an diesem Experiment: Es ist kein Sonderfall. Immer und immer und immer wieder konnte es nachgestellt und nachgewiesen werden – es ist seit knapp 40 Jahren eines der stabilsten Forschungsergebnisse in der Sozialwissenschaft. Und eines der am meisten ignorierten. Belohnung begrenzt unser Blickfeld und beschränkt unsere Möglichkeiten. Wenn-dann-Boni verhindern Kreativität und Sensibilität und damit die Veränderungsfähigkeit in ihrem Innersten. Stefan, hör uns zu und hör damit auf. Schnell.

Mit dem Eintritt in das neue Jahrtausend, dem Wandel und der sprunghaft wachsenden Vielschichtigkeit von Mannschaft und Themen veränderten sich die Erfolgsparameter für den starken Anführer. Zuckerbrot und Peitsche gehören endgültig in die Asservatenkammer der »roaring eigthies«. In Zukunft wird es schwieriger. In Zeiten hoher Komplexität wenden sich heute sogar die Naturgesetze gegen Stefan. Erfolgsprämien perlen nämlich ab am Energieerhaltungsgesetz. Demzufolge geht Energie in geschlossenen Systemen nicht verloren, sie kann sich nur wandeln. Neue Energie kann nicht aus sich selbst entstehen. Wenn dieses Gesetz im unendlichen Weltraum Bestand hat, dann auch auf den Bürofluren des deutschen Wirtschaftsgewerbes. Uns dämmert: Vermutlich heben sich der Veränderungsdruck der Spitze und die Beharrungsenergie der Organisation gegenseitig auf. Dabei ist die Beharrungsenergie im Vorteil. Denn das gesamte Universum hat einen eingebauten Energiesparmodus – er greift für jedes komplexe biologische System, für jede Firma und für jedes Gehirn. Unsere Energiereserven werden intuitiv geschont, damit das vielschichtige Konstrukt nicht kollabiert und in seine Einzelteile zerfällt.

Aus sich heraus haben weder Gehirn noch Unternehmen den inneren Antrieb, etwas zu verändern, so klärt uns der kluge Neurobiologe Prof. Gerald Hüther auf. Friede,

Freude, Eierkuchen ist der energetische Idealmodus. Das führt dazu, dass selbst spürbare Unzufriedenheit und sichtbare Schwachstellen nicht proaktiv abgestellt werden. Nicht mal dann, wenn es die Beteiligten selbst nervt. Kopf und Orga greifen lieber zur naheliegenden Alternative, die weniger energieaufwendig ist: Sie lassen die Dinge einfach laufen. Das funktioniert reibungslos und ohne großen Aufwand. Nahezu automatisch. Wir müssen nur an unsere guten Vorsätze zu Silvester oder am runden Geburtstag denken: mehr Sport treiben, um etwas gegen den Hüftspeck zu tun, früher schlafen gehen oder weniger Alkohol trinken. Gute Vorsätze als eine Art theoretisches Modell. Aber in der Praxis zeigt sich, was schon Sigmund Freud festgestellt hat: Leiden ist leichter als handeln.

Mensch und Mitarbeiter fühlen sich wohl in ihrer Komfortzone. Nirgends ist es energetisch so bequem wie hier. Der ehemalige Sporthochschulstudent in mir weiß aber: Die Komfortzone ist der Startplatz der Degeneration. Werden keine Trainingsimpulse gesetzt, kommst du nicht in die Sauerstoffschuld – und dann baut dein Körper ab. Du verlierst an Kraft, Beweglichkeit oder Schnelligkeit. Das ist die natürlichste Sache der Welt, für Menschen und Organisationen. Und so steigt Stefan mit den größten Naturgesetzen unseres Planeten in den Ring und nimmt den Kampf auf. Jeden Tag aufs Neue. Dagegen hatte Sisyphos, der König von Korinth, einen Halbtagsjob auf dem Ponyhof.

Die meisten Manager scheinen die Passivität ihres Apparats durch ihre ganz persönliche Aktivität ausgleichen zu wollen. Das ist heroisch, aber mathematisch gesehen völliger Unsinn. Und nicht gerade gesund. Die Maßeinheit des persönlichen Einsatzes ist der persönliche Stresslevel. Der Rote-Augen-Flieger um 6:25 Uhr und das 35-Stunden-

Wochenende ohne Freizeitausgleich wurden zu Tapferkeitsauszeichnungen der Unerschrockenen. Die Geburtstage und die Namen der Kinder behält derweil die Assistentin im Blick. »Ich bin gestresst, also bin ich«, lautet die Managervariante von René Descartes' berühmtem Satz. Und die energiebewussten Nachwuchskräfte blicken auf ihren Chef und denken: Lieber gefeuert als so verheizt.

Mit ihrem Stresslevel der Manager steigt auch der Druck, den sie in die eigene Organisation pressen. Die Taktung wird höher, sie ordnen die Re-Strukturierung der Re-Strukturierung an und planen schon die nächste. Alles im laufenden Betrieb, mit weniger Personal. In die Bleiweste der Aufgabenpakete, die jeder Angestellte mit sich herumschleppt, werden regelmäßig ein paar weitere Kilos gepackt. Gleichzeitig wird die Latte höhergelegt. Chefetage und Organisation fordern und überfordern sich gegenseitig. Sie sind *lost in transformation.* Es kommt zum Bruch.

Die erste Bruchstelle der Manager- und Mitarbeiterbeziehung ist meist der gesunde Menschenverstand. Die oberste Etage rechnet sich die Zukunft schön und wechselt für die Budgetplanung in den Bereich der theoretischen Mathematik.

Zielvorgabe und Realitätssinn begegnen sich nicht mehr. Der Mitarbeiter nimmt die Planungszahlen kopfschüttelnd zur Kenntnis, aber nicht länger ernst. Erneut lässt die DDR-Staatswirtschaft grüßen. Auch hier interessierte das Volk sich irgendwann nicht mehr für den großen heroischen Plan – und auch nicht für Ziel, Art und Qualität der eigenen Arbeit. Wenn ein Unternehmen erst mal an diesem Punkt angekommen ist, besteht kaum noch Hoffnung. In diesem Moment wechselt der Fokus in der Organisation nämlich von Kampfgeist zu Trickkiste. Wenn die Zahlen eh unerreichbar sind, dann verwende ich doch lieber meine Energie für das Werfen von Nebelbomben, um mittels *financial engineering,* Weiterbelastung der Aufwände an die anderen Abteilungen sowie kreativer Rechnungsstellung den Schein zu wahren. Nun wird die Organisation zum Hamsterrad: Sie dreht sich zunehmend um sich selbst und kommt weder dem Kunden noch der Zukunft näher. Im Gegenteil. Und so beginnen Unternehmen sich im Niemandsland zwischen Wunschdenken und Realität zu verlaufen. Mit der aktuellen Jahresplanung wird nicht nur die Zukunft verkauft, sondern auch schon die Zeit danach. Wir erinnern uns an die Geschichte von Wells Fargo.

Dass es nicht funktioniert, spüren natürlich beide Seiten – Stefan und die Arbeitsebene. Die Skepsis wächst und das Vertrauen sinkt. Der Druck steigt und führt zu vermehrtem Gegendruck auf der anderen Seite. Das gemeinsame Ziel bröckelt und rieselt als Sand ins Getriebe. Jetzt wird es mühsam. Ab diesem Punkt geht es um Gesichtswahrung und um Sieg und Niederlage. Also geht auf jeden Fall eine Seite als Verlierer vom Platz. Erfahrungsgemäß aber eher beide Seiten. Die Organisation, so scheint es Stefan, konzentriert sich mit Vorliebe auf die Produktion von Problemen. »Wer will, findet Wege, wer nicht will, findet Gründe« war einer der Kalendersprüche seines favorisierten Beraters. Was er nicht dazu gesagt hat: Wenn Stefan dieser Satz wieder einfällt, ist es ein verlässlicher Indikator, den er aber umgehend dechiffrieren muss: Das Unternehmen ist in Gefahr.

Besteht Stefan jetzt auf den vermeintlichen Lösungen des »Neutron Jack«, dann beschleunigt er den Zerreißprozess noch. Denn General Electric ist im Ergebnis von Jack

Welchs Gewaltakt letztlich an seiner gigantischen Komplexität gescheitert, nach über hundert Jahren aus dem Dow Jones abgestiegen, in alle Einzelteile zerfallen und heute nur noch ein trauriger Schatten seiner selbst. Weil Welch und seine Schüler das Maximum für das Optimum hielten. Was für ein energetischer Irrtum.

Viele Unternehmen haben inzwischen so viele Changeprozesse hinter sich, dass sie sich selbst nicht mehr erkennen. Mit jedem Prozess wurde dem Unternehmen etwas genommen, etwas gegeben wurde ihm aber nie. Change ist offensichtlich kein Geschäft auf Gegenseitigkeit, sondern eine einseitige Angelegenheit. Und so gesund wie Magersucht.

Es verstärkt sich der Eindruck, dass die permanente energetische Überforderung durch immer neue Chefdynamiker sowie das Rattenrennen um schöne Quartalszahlen die Organisation auslaugen und so thermodynamisch gesehen zum Zerfall der Unternehmen führen. Die Deutsche Bank ist in unserem Land vermutlich das präsenteste Beispiel für diese steile These. Getrieben von Josef Ackermann und seinem Ehrgeiz, fünfundzwanzig Prozent Rendite zu holen und es so mit den ganz Großen der Welt aufzunehmen, hat sich die Bank übernommen und verzettelt. Getrieben vom Druck schier unerreichbarer Margen, haben sich einige Bereiche der Bank in Grauzonen begeben und Geschäfte gegen die Interessen der Kunden und des Gemeinwesens angezettelt – Gesetzeslage hin oder her. Seither ist die Bank damit beschäftigt, die Suppe auszulöffeln und sich selbst neu zu erfinden. Dabei stand sie im siebten Jahr nach Ackermann bereits bei Vorstandssprecher Nummer vier. Immerhin: Bei Redaktionsschluss dieses Buchs war der tapfere Christian Sewing noch im Amt.

Was kann die Schaltzentrale der Macht überhaupt tun, damit sich Mitarbeiter und ganze Organisationen in den energiefressenden Veränderungsmodus begeben? Wenn die untergegangene Industriewelt-Methode mit Druck funktionierte – was wirkt in der heutigen »social world«? Gerald Hüther hat einen neurobiologischen Geheimweg als Lösungsvorschlag für Veränderungen in komplexen Strukturen. Es gebe eine Möglichkeit, das Energiesparbestreben des Gehirns auf eine auch langfristig günstigere Bahn zu lenken: wenn man ein Ziel vor Augen hat, für das es sich lohnt, sich anzustrengen. Es müsse allerdings ein Ziel sein, das nicht so schnell zu erreichen ist. Und damit sind wir bei der Sinnfrage.

Wir lernen:
Mitarbeiter hinter sich zu kriegen ist besser, als sie vor sich herzutreiben.

Gar nichts erlebt. Auch schön.
Mozart, Tagebuch v. 13. Juli 1770!

Das größte Musikgenie aller Zeiten wusste, auch in der Musik ist die Pause von Bedeutung. Aber da gab es auch noch kein Controlling.

Ein paar Seiten zur Vorbildlichkeit

DIE ENTSCHEIDENDE VARIABLE JEDER ERFOLGSFORMEL IST KEINE ZAHL

»It's clearly strategy. It's got a lot of numbers in it.«

(George H. W. Bush)

Stefan fühlt sich für die Zahlen verantwortlich. Er hat den Buchwert des Unternehmens gesteigert. Er hat alle Lehrbuchlektionen abgearbeitet, die Toolbox und die Trickkiste geplündert und jedes Steuerschlupfloch genutzt. Jetzt blickt er sich um und entdeckt: Er ist allein auf weiter Flur. Eine Erkenntnis, die bei den Erfolgsverwöhnten zu Verwunderung führt. Niemand will sich mehr in ihrem Glanze sonnen. Außer Berater, also der Wirtschaftsflügel der Escort-Branche. Sie zeigen strategische Anteilnahme, mit Tiefenanalyse und Zahlenfetisch. Und abgerechnet in Stundensätzen.

Die eigenen Mitarbeiter dagegen, die Gesellschaft und auch die Politiker meiden die Nähe der Topmanager inzwischen. Natürlich, Outsourcing ist kein Freundschaftsgewinnungsprogramm, doch der Grund liegt tiefer. Je stärker sich Stefan auf die Zahlen konzentriert hat, desto schneller sind ihm die Menschen abhandengekommen. Die Gründe dafür haben wir schon analysiert: Beim Führungsmodell Spardose zählt nur, was Zinsen bringt. Empathie gehört nicht dazu. Auf dem Weg zur Karrierespitze hat Stefan Potenziale gefunden, aber die Menschen verloren, und zwar an allen Ecken und Enden: als Mitarbeiter, als Kunde und als Bürger. Und die Menschen verloren den Glauben an Stefan.

Der bereits erwähnte Sir Martin Sorrell ist ein plakativer Protagonist dieser Ära. Einst als Buchhalter der Agentur Saatchi & Saatchi vor die Tür gesetzt, machte er sich auf, die Branche eines Besseren zu belehren, und formte die größte Werbeholding der Welt – den größten Kommunikationstanker, den die Erde je gesehen hat: zweihunderttausend Mitarbeiter. Die *Financial Times* kürte ihn zum »King of ad land«. Er nannte das Flaggschiff der Werbewelt WPP, und das sagt viel über ihn und seinen gnadenlosen Pragmatismus: Der Name *Wire & Plastic Products*, ein Hersteller von Einkaufskörben, war als Hülle einer Aktiengesellschaft gerade günstig zu haben. Für die schillernde und eitle Werbebranche, die ihren Agenturen stets den eigenen Nachnamen verlieh und diesen so glanzvoll ins Schaufenster stellte, war das ein Schlag vor den kreativen Kopf. Sorrell verlor keine Zeit und ging mit seiner Einkaufskorb-Company schnurstracks auf Shoppingtour. Er verleibte sich alles ein, was als Agentur Rang und Namen hatte, ohne Rücksicht auf Verluste und böses Blut. Sein *very unfriendly takeover* von J. Walter Thomson und Ogilvy machten ihn berühmt und berüchtigt. David Ogilvy, dem bekanntesten Werber der Welt, riss er das Lebenswerk aus den Händen, was der große David dem

Vernehmen nach nicht ganz *gentlemanlike* mit »odious little shit« kommentierte. Eine Bemerkung, die unter die Gürtellinie zielte und sich auf die Köpergröße des kleingewachsenen Einkäufers bezog. Unbeirrt ging Sorrell mit seinem Plastikkorb weiter auf Tour und packte Young & Rubicam, Grey und bevorzugt Mediaagenturen hinein. Er kaufte letztlich über vierhundert Firmen und drängelte sich auf der Rangliste an allen vorbei bis an die Spitze. Queen Elizabeth II. von England schlug ihn für seine Verdienste um das Empire zum Ritter. Danach verlegte er den Sitz von WPP nach Irland – da war der Steuersatz nur halb so hoch. Dankbarkeit gegenüber Königin und Vaterland ist teuer und rechnet sich nicht.
Martin Sorrell war der personifizierte Erfolg und hatte die relevanten Indikatoren für alle Märkte und Branchen im Blick. Er wurde zum wichtigsten Kommunikationsmann der Welt, war ein begehrter Gesprächspartner auf höchster Ebene und gern gesehener Gast auch auf der Hochzeit von Prinz Harry und Prinzessin Meghan. Und der bestbezahlte Werbemanager des Planeten war er auch: zwischen 30 und 46 Millionen Pfund im Jahr, je nach Aktienkurs und Shareanteil. Auf einem Treffen weltweiter Agenturmanager wurde er gefragt, wieso es gerade ihm gelungen sei, den größten Konzern der Kreativwelt zu schmieden; er interessiere sich doch noch nicht einmal für Werbung. Sir Martin stand auf der Bühne und antwortete offen und ehrlich: »Ihr denkt an Kunden und eure Ideen. Ich denke an die Zahlen.«
Und von Zahlen verstand er was. Während WPP Einstellungsstopps verkündete und Gehaltserhöhungen einfror, freute sich Sorrell über sein Gehalt, das auch im Vergleich zu den globalen Topmanagern der Londoner City beachtlich war. Die eigenen Mitarbeiter schüttelten den Kopf, die

Kunden verhandelten ihre Agenturverträge nach und die englische Pressemeute nahm Witterung auf. Seine Scheidung war für alle ein gefundenes Fressen. Jeder, inklusive der zweihunderttausend eigenen Angestellten, schlug sich auf die Seite seiner Ehefrau und feierte ihre kostspieligen kleinen Siege. Als sie auch noch zwei Dauerparkplätze à 90.000 Pfund bei Harrods herausschlug, wurden »Sandra Finestone«-Partys gefeiert und man stieß auf die Ex-Frau an. Sir Martin hatte die Börse im Blick, aber die Menschen außer Acht gelassen – seine eigenen Angestellten und Wegbegleiter, seinen Aufsichtsrat, die Agenturszene, die eigenen Kunden, die Öffentlichkeit. Er hat WPP geschmiedet und zur größten Nummer der Werbewelt geformt, aber jeglichen Goodwill verspielt. Der Widerwillen der Mitarbeiter und Anteilseigner wuchs, und das Ende nahm seinen Anfang. Im April 2018 leitete WPP Untersuchungen gegen Martin Sorrell wegen angeblicher finanzieller Unregelmäßigkeiten ein. Die Geschichte endete mit seinem Abschied nach 33 Jahren – ein Abschiebeverfahren mit unschönen Geschichten und schlechtem Beigeschmack. Und der für Martin Sorrell vermutlich schmerzhafteste Aspekt der Trennung: Nach seinem Abgang stieg der Aktienkurs von WPP merklich. Er war eine große Nummer, aber am Ende doch auch nur eine Zahl.

Die Geschichte scheint filmreif und ist in Wahrheit natürlich vielschichtiger als diese Zeilen, aber sie hat einen fundamental wahrhaftigen Kern. Es ist eine Lektion fürs Managerleben:

Die entscheidende Variable jeder Erfolgsformel ist der Mensch.

Und da steht er jetzt, der Mensch Stefan. Manager im Zenit seiner Schaffenskraft – und vor der Frage seines Lebens: Wie kann man ein Unternehmen führen, wenn nur noch fünfzehn Prozent der Mitarbeiter mit Herz bei der Sache sind? Wie reagieren die Führungsetagen, wenn in Deutschland sechs Millionen Menschen innerlich gekündigt haben? Der Chef selbst hat den Draht zu seinen eigenen Leuten gekappt. Nur 26 Prozent der Mitarbeiter sehen in ihrem Chef ein Vorbild. Weniger als fünfzehn Prozent können sich vorstellen, mit ihm privat etwas zu unternehmen.

Dabei ist das Vertrauenskapital entscheidend für die Reputation und die Wirkkraft des Chefs – im Unternehmen und darüber hinaus. Das aber verlangt andere Kompetenzen und Fähigkeiten. Stefan, der sich bisher als Zahlendompteur gesehen hat, und als Heizer, der Druck in den Kessel gibt, muss jetzt seine Menschlichkeit ins Spiel bringen. Zum Können muss der Charakter kommen. Dann erst wirkt der Manager in seiner Gänze und über die Wiedervorlagemappe hinaus. Persönlichkeit *matters*. Mit menschlicher Kompetenz öffnen sich fünf neue Rollen, in denen man Menschen und Unternehmen bewegen kann.

Die Identifikationsfigur

Gerade Unternehmen, die mit unterschiedlichen Produkten, Märkten und Standorten jonglieren, brauchen einen sichtbaren inneren Haltepunkt. Im Fernsehen tragen sie den schönen Namen *Anchorman*. Solange wir abends den Fernseher einschalten und Claus Kleber uns mit bekannter Lässigkeit und gut gescheitelt anblickt, wissen wir: Die Welt ist noch nicht untergegangen, es kann so schlimm nicht sein. Und wenn an der Spitze deines Unternehmens ein echter Rock 'n' Roller namens Richard Branson steht, langhaarig, fröhlich und offen für wilde Herausforderungen, dann kann diese eine Person mit ihrer Kraft auch einen Zwanzig-Milliarden-Konzern mit so verschiedenen Industrien wie Musik, Luftfahrt und Mobilfunk zusammenhalten.

Der Vertrauensanker

Er wirkt in die breite Öffentlichkeit, wenn die See rauer wird und die Wogen hochschlagen. Daran, dass man ihn braucht, denkt man oft lange Zeit nicht. Dann läuft ja alles gut. Die Märkte, die Produktion, der Vertrieb, das Wetter, die Mitarbeiter, die Kunden sind frohgemut, die Konkurrenz schläft, die eigenen Juristen kommen entspannt zur Arbeit, der Aufsichtsrat schreitet schulterklopfend durch die Gänge, die Börsenprofis sind im »Buy«-Modus und die politischen Zampanos in aller Herren Länder zaubern keine absurden Ideen aus dem Hut. In solchen Zeiten braucht der Manager die Akzeptanz der Öffentlichkeit nicht. Für alle anderen Fälle empfiehlt sich ein vertrautes Verhältnis mit der breiten Bevölkerung. Wenn die Krise, der schlecht gelaunte Präsident, der Staatsanwalt plötzlich auf der Matte stehen, hilft nur eins: Vertrauenskapital. Das lässt sich nicht einkaufen, aber aufbauen. Es funktioniert nach dem Allianzprinzip Lebensversicherung. Durch dein Gesicht, deine Worte und deine Taten zahlst du Tag für Tag kleine Beträge auf das Vertrauenskonto ein, und über die Jahre trägt das Früchte und Zinsen. Vertrauen beginnt mit Vertrautheit. Irgendwann kommt die Krise. Wie im richtigen Leben. Wer Kapital angespart hat, kann schwere Zeiten überbrücken.

Claus Hipp hat bei frischgebackenen Eltern mehr Vertrauenskapital, als der hundertfach größere Nestlé-Konzern es je aufbauen kann. »Dafür stehe ich mit meinem Namen«, verspricht er uns, und wir glauben ihm. Vertrauen ist der Superdünger, der jede Beziehung zum Blühen bringt. Auf dieser Wiese fühlen wir uns sicher. Eine

Vertrauenskultur wächst heran, auf der, wie von unsichtbarer Hand gesät, das Verständnis füreinander sprießt. Unbezahlbar, wenn es mal zur Krise kommt. Wer dann einen No-Name vor die Kameras schiebt, dessen Gesicht, Namen, Geschichte noch nie jemand gehört hat, ist nicht mehr zu retten.

Der Wertgarant

So unwahrscheinlich es klingt: Auch Anteilseigner schauen in erster Linie auf Menschen. Bei jeder Unternehmensbewertung hat die Qualität des Managements eine dominante Bedeutung. Zu Recht. Bei regelmäßigen Investorencalls lässt der CEO die wichtigen Anleger routiniert den Puls der Firma und der Führungsriege fühlen. Roland Berger verriet mir sein Erfolgsrezept zur Geldanlage: »Ich bin zeit meines Lebens ein People Investor gewesen. Denn egal, wo Theodor Weimer (Deutsche Börse) oder Wolfgang Reitzle (Linde) hingehen, Sie können fest damit rechnen, die kriegen es gewuppt.« Manchmal ist es ganz einfach.

Der Kommunikationsturbo

Wen Journalisten kennen und wem sie vertrauen, der findet leichter Gehör. Dafür braucht man eine Stimme und eine Botschaft. Steve Jobs gilt zu Recht als Marketing-Genie. Ihm genügte es, bei einer internen Veranstaltung ein Telefon in die Luft zu halten, damit es 24 Stunden später die ganze Welt kannte: iPhone. Ohne einen Dollar Werbebudget. Die Welt hing an seinen Lippen.

Der Talentmagnet

Die Persönlichkeit der Spitzenkraft strahlt in die Organisation und darüber hinaus. Wenn sie gut ist, übt sie große

Anziehungskraft auf junge Talente und begehrte High Potentials aus.

John Legere war der schillerndste Paradiesvogel, dem die Deutsche Telekom je einen Anstellungsvertrag geschickt hat. Er hat neue Talente und darüber hinaus neue Energie und einen neuen Spirit in die amerikanische T-Mobile gebracht und das Unmögliche geschafft: den Merger mit dem drittgrößten amerikanischen Mobilfunkanbieter Sprint, trotz Gegenwind und Donald Trump. Und er hat nun eine eigene kleine Gedenkwand in Bonn.

Elon Musk braucht für seine neue Fabrik in Brandenburg 40.000 neue Mitarbeiter. Ein Tweet »Bitte arbeiten Sie bei Tesla GIGA Berlin, es wird super Spaß machen!!!« in seine fast 25 Millionen zählende, teilfreudige Followerschar, und der Laden dürfte voll sein. *Employer Branding 4.0.*

Wir lernen:
Der Chef der Zukunft muss vor allem eins sein: ein Mensch.

Egal, wie gut die Planungen sind, immer macht der Mensch Ihnen einen Strich mitten durch die Rechnung. Planen Sie das unbedingt mit ein.

Ein paar Seiten zur Fantasie

AM ENDE DER VORSTELLUNGSKRAFT

»Dream a little, before you think.«

(Toni Morrison)

Die Digitalisierung macht uns unabhängig von Raum und Zeit. Unsere Freiheit wird grenzenlos. Wie wunderbar. Heute können wir am Küchentisch arbeiten, vom Sofa aus alle Banküberweisungen machen und per Smartphone auf weltweite Shoppingtour gehen, inklusive Rücksendeschein. Dieser große Vorteil geht allerdings Hand in Hand mit einem unsichtbaren Nachteil: Die Digitalisierung löst die dingliche Welt um uns herum auf. Wir sind live dabei, wie sich das Verschwinden unseres Bargelds im Nichts innerhalb von einigen Corona-Wochen massiv beschleunigt, weil wir virusbedingt lieber zu PayPal und Apple Pay greifen als zum Kleingeld in unserer Hosentasche. Das Gesetz des Schwergewichtsboxens schlägt nun auch für die 1-Euro-Münze und den 20-Euro-Schein zu – *they never come back*. In traurigem Gedenken nehmen wir Abschied. Dieses stille Verschwinden hat gravierende Auswirkungen auf das Wesen unseres Volkes. Wir Deutschen und unser Geld, das war eine besondere Beziehung. Die D-Mark hat mehr zur Identifikation der Nation beigetragen als alle Fußballweltmeistertitel zusammen. Deutschland, das Land der Spardosen, Sparbücher und Sparclubs, hält in Zukunft das Geld weniger zusammen, weil Geld im wahrsten Sinne des Wortes unsichtbar wird. Elektronische Guthaben zu horten, verschafft keine sinnliche Befriedigung. Die Bankfilialen leiden unter einer Besuchsquote von unter 0,5-mal pro Jahr und Kunde, und so bereiten die Bankhäuser ebenso wie die Kaufhausbranche das große Abschließkonzert vor. Karstadt/Kaufhof ist schon zur Hälfte weg. Der E-Brief wird von der Post mit Millionen Werbebudgets krampfhaft in die Welt gezwungen, und von den Jüngeren weiß fast niemand mehr, wo der nächste Briefkasten steht (während die Älteren sich bang fragen, ob er noch da ist). Wir sind auf dem effizientesten Weg ins digitale Nirwana. Die technologische Bequemlichkeit hat viele Vorteile, aber sie macht die Zukunft eben auch unsichtbar. Beschleunigt durch den überall grassierenden Technologiesprung, wird unser Leben hier und jetzt jeden Tag ein bisschen unbe-greiflicher. Das bleibt nicht ohne Folgen. Je weniger wir mit unseren Händen bewerkstelligen, desto schwächer wird die Fähigkeit unseres Gehirns zur Problemlösung. Das gilt für Kinder ohne Lego und mit Smartphone ebenso wie für Papa, der den Hobbykeller gegen die Playstation getauscht hat. Denn das Gehirn liebt das kraftvolle Zupacken mehr als das fingerleichte Tippen am Smartphone. Wir Deutschen haben extra das schöne Wort »be-greifen« dafür erfunden. Das Gefühl von Form, Schwere und Struktur geht tiefer, wir entwickeln ein Gespür für die Dinge. »Das Gefühl kann viel feinfühliger sein als der Verstand scharfsinnig«, hat der Psychologe Viktor Frankl diese Form des inneren, durch Berührung der Dinge vermittelten Verständnisses beschrieben.

Es ist unser handfestes Teilnehmen an der vielschichtigen, erlebbaren, physischen, nicht virtuellen Welt, die unser Vorstellungsvermögen ins Grenzenlose wachsen lässt. Das Unterbewusstsein ist der gewaltigste Schwamm, den man sich denken kann. Elf Millionen Bit saugt unser Gehirn jede Sekunde auf; das volle Bewusstsein schafft dagegen gerade mal 60 Bit. Irgendwo in unserem Kopf passiert eine ganze Menge, wenn wir ihn richtig füttern. Aber das wird zunehmend schwieriger, denn wir haben unser Hirn durch die Digitalisierung auf Schonkost gesetzt. Alles wird weniger sichtbar, weniger riechbar, weniger spürbar, weniger vorstellbar.

Und das ist nur der einfachere Teil von Stefans Herausforderungen. Die Technologie droht ihn und alle anderen abzuhängen. Unser über Jahrtausende geprägtes Gehirn verändert sich zwar täglich, aber nicht so schnell wie die exponentiell wachsende Rechenleistung von Computerchips. Roger Moore, der Pionier auf diesem Gebiet, formulierte schon 1965 die Annahme, dass sich die Geschwindigkeit eines Computerchips alle zwei Jahre verdoppeln würde. Dann gründete er Intel, den bis heute größten Chiphersteller unseres Planeten. Sein Gesetz gilt immer noch. Intels neueste Prozessoren-Generation enthält 1,3 Milliarden Transistoren auf einer Fläche von 131 Quadratmillimetern. Damit sind wir bei einem Kernproblem für Führung in der Zukunft: der Unvorstellbarkeit. Bis jetzt war unser Kopf den technologischen Möglichkeiten immer voraus. Jules Verne malte sich schon 1865 die Reise zum Mond aus und beschrieb sie in den schönsten Worten. Am 21. Juli 1969 um 3:56 Uhr war es dann auch technologisch machbar. Neil Armstrong setzte als erster Mensch seinen Fuß auf unseren Erdtrabanten.

Heute hat sich das Phänomen ins Gegenteil verkehrt: Zum ersten Mal in der Geschichte haben die technologischen Möglichkeiten die menschliche Vorstellungskraft überholt. Wir können uns nicht mal mehr ausmalen, was heute schon technologisch möglich ist. Quantencomputer und Bitcoin sind längst am Start, aber kaum vermittelbar.

Das schafft für alle, die führen wollen, ein echtes Problem: Wie will man Menschen mit auf die Reise nehmen, wenn man ihnen keine Vorstellung davon vermitteln kann, wie das gelobte Land aussieht? Das Gedankenbild von funkelndem Gold löste den Goldrausch aus. Hunderttausende setzten sich Richtung Klondike in Bewegung und förderten tonnenweise Gold zutage; das war einfach. Auch der *American Dream* – vom Tellerwäscher zum Millionär – war leicht vorstellbar und brachte Millionen Menschen dazu, ihr Glück auf der anderen Seite des Atlantiks zu suchen. Und das Wirtschaftswunder der 1950er-Jahre war auch deshalb zu stemmen, weil sich jeder ausmalen konnte, wie viel schöner das Leben, das Wohnen, das Kuchenessen, das Urlauben sein würde. Man spuckte in die Hände und legte sich mächtig ins Zeug. Begehrlichkeit schafft Beweglichkeit.

Ein diffuses Zukunftsbild jedoch setzt gar nichts und niemanden in Gang. Die große Zahl als Mohrrübe und Motivationsmittel hat ausgedient (wenn sie denn überhaupt je funktioniert hat). Darum ist die Investition in das Vorstellungsvermögen ein Investment in die Zukunft. Sie kann die nötige Aktivierungskraft freisetzen. Allerdings muss der CFO jetzt sehr tapfer sein. Anders als bei seiner Lieblingsmethode *Cost Cutting* kommen bei der neuen Disziplin Zukunftsgestaltung zuerst die Mühsal und die Kosten, während die Belohnung erst Monate oder Jahre später folgt. Die bequeme Strategie, alle Früchte sofort zu ernten und die Schmerzen den Nachfolgern zu überlassen, funktioniert hier nicht, weil noch keine Früchte am Ast hängen.

Je klarer, sichtbarer und greifbarer das Zielbild ist, desto mehr Energie kommt ins Unternehmen. Wo Worte zur Beschreibung des Morgen nicht mehr reichen, müssen Grafik und Design, Film und Roman, Vorleben und Vormachen zum Einsatz kommen. Der aktuell Klassenbeste in der Disziplin Zukunftsmalen ist vermutlich Elon Musk. Während Deutschland noch über Aufladestations-Planungs-Genehmigungsverfahren für die von der Regierung so dringend gewünschte Million E-Autos redet, fliegt Elon schon mal vor in Richtung Mars.

Wir Deutschen sind eben so, höre ich Sie sagen. Wir durchdenken die Dinge bis zum Schluss, dann entwickeln wir einen Plan und dann funktioniert es auch. Ein gutes, typisch deutsches Argument, aber vor den Plan hat der liebe Gott den Traum gesetzt. Es wäre selbst für Barack Obama schwer geworden, der erste schwarze Präsident der USA zu werden, wenn sein Kampagnenmotto gelautet hätte: »Yes, we are thinking about some steps as first elements of a plan for our great future.« Er sagte aber schlicht: »Yes, we can.«

Wir müssen unserem Gehirn freien Lauf lassen, dann ist es zu großen Gedankensprüngen fähig. Die Weisheit des früheren Formel-1-Weltmeisters Mario Andretti gilt auch auf der Kreativstrecke: »Wenn du das Gefühl hast, du hast alles unter Kontrolle, fährst du zu langsam.« In dem Moment, in dem wir beim Denken die Kontrolle verlieren, beginnt etwas Neues. Die Keimzelle eines Unternehmens ist nicht das Produkt, sondern eine Idee. Also eine Vorstellung von der Zukunft und unserem Beitrag dazu.

Stefan ist anders geschult. Er kann das Verhalten seiner Organisation jederzeit aus der Historie heraus herleiten und erklären. Seine Erzählungen kommen aus der Vergangenheit. Die Sichtweise, die Wortwahl und die Einordnung limitieren das Vorstellungsvermögen. Mit Vokabeln von gestern die Welt von morgen zu beschreiben, führt dazu, dass die Zukunft schon bei ihrer Geburt alt aussieht. Eine Erinnerung daran, wie die Welt von morgen sein kann, ist eine schizophrene Vorstellung. Deshalb funktioniert es auch nicht. Angeblich pflegte Platon zu sagen: »Ich denke. Verwirre mich jetzt nicht mit Fakten.« Das menschliche Vorstellungsvermögen ist eine wahrhaft magische Sache. Es macht uns absolut unabhängig von Zeit und Raum. Wir können in einer Sekunde in die Zukunft blicken und im nächsten Augenblick in die Vergangenheit reisen. Und wir spüren: Je klarer, vielschichtiger und sichtbarer das Bild im Kopf ist, desto mehr Energie wird frei. Wenn Innovation erfolgreich sein soll, muss nicht nur das Forschungsbudget, sondern auch das Kommunikationsbudget erhöht werden. Ähnlich wie das Datenvolumen des Unternehmens müssen wir auch das Bild im Kopf aufrüsten. Stefan muss das Geld nicht nur in Innovationsteams, R&D-Labs und erste Prototypen stecken, sondern auch in die strategische Kommunikation nach innen und nach außen. Die Pressemitteilung als Mittel der Verkündung großer Taten verpufft seit Jahren wirkungslos. Stefan braucht eine neue Erzählung: seine persönliche Zukunftsgeschichte. Diese beginnt mit einem Bedürfnis oder einer Vision, die draußen in der Welt vorhanden sind, beschreibt die Herausforderungen und Heldentaten auf dem Weg zum fernen Ziel, weist jedem Mitarbeiter eine Rolle in dieser Geschichte zu und nimmt alle an die Hand auf dem abenteuerlichen Pfad in Richtung Zukunft.

Fakten sprechen nur den kleinsten Teil unseres Gehirns an: den Verstand. Eine Geschichte aber wirkt breiter und tiefer. Sie aktiviert den eigenen Willen und das gemeinsame Wollen. Der zukunftsverändernde Unterschied zwischen eindimensionaler Information und exponentieller Partizipation lässt sich spüren. Sogar Stefan wird es fühlen – auch wenn er als bekennender Antivisionär momentan noch in seiner Excel-Tabelle gefangen ist.
Im Jahr 2021 erkennen wir, dass der große Helmut Schmidt doch einmal wirklich unrecht hatte. In Zukunft gilt: Wer *keine* Visionen hat, sollte zum Arzt gehen.

Wir lernen:
Wer oben sitzt, muss auch in die Zukunft sehen können.

Lassen Sie einfach Ihre Tür
immer offen, dann kann
Ihnen niemand vorwerfen,
Sie neigen zu Silodenke.

Ein paar Seiten zum inneren Vermögen

HUMAN IS THE NEXT BIG THING

»Uneingeschränkter Ernst ist im Umgang mit Menschen stets unangebracht.«

(Platon)

Die Versuche von Unternehmen, einen Fünfjahres- oder sogar einen Zehnjahresplan zu entwickeln, sind pure Selbstüberschätzung. Der Harvard-Professor John Galbraith hat es schön griffig formuliert: »Der finanzielle Forecast wurde erfunden, um Astrologie seriös wirken zu lassen.« Nehmt das, ihr Controller. Der größere Rechenfehler ist allerdings, die Menschen rein nach ihrer Funktion aufzustellen. Springer. Dame. Bauer. Wer eine Organisation in die Zukunft führen will, muss zuerst seine Mitarbeiter aus diesen Zwangskästchen befreien. Sie hin- und herzuschieben oder auszutauschen wie Figuren auf einem Schachbrett, funktioniert nicht mehr. Denn das Schachbrett ist seit eintausendfünfhundert Jahren ein starres System – aber im Unternehmen ist immer alles in Bewegung. Und immer alles gleichzeitig. Heute mehr und schneller denn je.

Der verengte Blick nur auf fachliche Fähigkeiten übersieht

das wahre Kapital: das menschliche Vermögen in all seinen Facetten. Einfallsreichtum, Kampfgeist und sogar Humor können jederzeit strukturelle Mangelerscheinungen ausgleichen. Klar geworden ist mir dies eines Nachts in der Düsseldorfer Altstadt. Ich ging ein Beruhigungsaltbier mit einem Kreativdirektor unserer Agentur trinken. So außergewöhnlich seine Gestaltungskraft war, so empfindsam war auch sein Gemüt. Er beschwerte sich seit Stunden über die fehlenden Voraussetzungen, um wirklich gut arbeiten zu können: der langsame Rechner und der alte Bildschirm, der Drucker mit dem ewigen Papierstau, das zu geringe Budget des Kunden und das zu kurze Zeitfenster für die Produktion, der fehlende Mut des Marketingleiters und die noch nicht nachbesetzte Stelle der Art-Direktorin. In jedem einzelnen Punkt hatte er recht. Er hielt flammende Reden über den Zusammenhang zwischen Voraussetzung und Ergebnis, Ausstattung und Qualität. Dann fiel sein Blick auf eine junge Kölnerin, die sich im Kreise ihrer Freundinnen in derselben Kneipe amüsierte wie wir. Die Frau war ihm ganz offensichtlich in allen Belangen überlegen. Sie war größer, jünger, gebildeter, deutlich attraktiver, sportlicher und, wie ihr Kleidungsstil und die teure Handtasche vermuten ließen, wohlhabender und modisch versierter als er. Nun war meine Chance gekommen, ihn mit seinen eigenen Argumenten zu schlagen. Ihm fehlten alle Voraussetzungen, um erfolgreich bei ihr zu landen. Das war mir klar, das war ihm klar und vermutlich jedem anderen Gast in dem Lokal auch. Ich redete auf ihn ein, um ihn von der Blamage abzuhalten. Er ignorierte all meine überzeugenden Argumente, schlenderte in einem Anfall von Selbstüberschätzung hinüber und warf seine menschlichen Qualitäten Kreativität, Fröhlichkeit und Wortgewandtheit ins Rennen.

Heute sind die beiden verheiratet und haben drei bezaubernde Töchter. Im Englischen gibt es den wunderbaren Unterschied zwischen *resource* und *resourcefulness*. Der kleine, aber magische Unterschied zwischen den Mitteln, die man zur Verfügung hat, und den Möglichkeiten, die man damit hat. Also zwischen Ausstattung und Einfallsreichtum. Das sagt alles. Seien wir uns über eines im Klaren: Wir werden zeit unseres Berufslebens immer unter einem Mangel an Ressourcen leiden. Zu wenig Geld, zu wenig Zeit, zu wenig Personal und natürlich veraltete Technik. Darauf zu warten, dass alle Voraussetzungen gut sind, haben schon Estragon und Wladimir versucht, die bekanntlich immer noch auf Godot warten. Der wirkungsvollste Weg, Mangel zu kompensieren, ist der Einfallsreichtum. Nur eine Spezies im ganzen Universum ist dazu in der Lage: der Mensch.

Wie wir wissen, verfügen Menschen über die physikalisch unerklärliche Fähigkeit, über sich hinauszuwachsen. Es gibt Berichte über Mütter, die einen Pkw anhoben, weil ihr Kind unter einem der Räder eingeklemmt war. Griechenland startete 2004 völlig aussichtslos ins Turnier und wurde Fußball-Europameister, und sein Trainer, geboren in Essen, wurde zum großen Rehakles. Die deutschen Automobilgiganten belächelten den Hasch rauchenden Tesla-Chef Elon Musk, bis sein Unternehmen im Sommer 2020 an der Börse mehr wert war als Volkswagen, BMW und Mercedes zusammen. Die kleine Greta setzte sich mit ernstem Gesicht und einem Pappschild vor das Parlament in Stockholm und trat in den Klimastreik – belächelt oder ignoriert von allen Experten, Wirtschaftsführern und Besserwissern des Planeten. Während die kindliche Demonstrantin der Welt zeigt, dass sie den Willen und die Hoffnung hat, noch etwas ändern zu können, dokumentieren die Zyniker und Schlaumeier Stillstand. Aber ein Jahr später haben auf dem ersten weltweit organisierten Klimastreik fast zwei Millionen Menschen demonstriert. Und die kleine Greta wurde mit dem Alternativen Nobelpreis ausgezeichnet und vom *Time Magazine* zur *Person of the Year* gewählt, womit sie sich in die Liste von Mahatma Gandhi, Winston Churchill, Königin Elizabeth II. und Papst Franziskus einreihte. Die Jugend feierte den Erfolg: *America is great, but we are Greta*. Resourcefulness schlägt Resource.

Wir waren im Kino dabei, als Apollo 13 meldete: »Houston, we have a problem.« Es war der erfolgreichste Fehlschlag in der Geschichte der Menschheit. 300.000 Kilometer von der Erde entfernt war im April 1970 ein lebenswichtiger Sauerstofftank explodiert. Der Erfindungsreichtum der Besatzung war überlebenswichtig und sozusagen der intergalaktische Rettungsring. Der menschliche Geist baute die Mondlandefähre *Aquarius* zum improvisierten Rettungsboot um. Die Besatzung bastelte mit Plastiktüten, Klebeband, Pappe und einer Socke den überlebenswichtigen CO_2-Filter um. Sie erfand eine ganze Reihe handwerklicher Tricks, um die lebenswichtige Batterie wieder und wieder aufzuladen, sodass sie auf dem frisch berechneten Weg heil zur Erde zurückkehren konnten. Es fehlte ihr an allem. Es gelang trotzdem.

Woraus die drei Astronauten hier schöpften, ist die sprudelnde Quelle zukünftiger Unternehmensentwicklung. Es geht darum, das menschliche Vermögen zu aktivieren, nicht darum, die Namen im Kästchen von links nach rechts zu schieben. Was bedeutet das nun für unseren Stefan? Er muss seinen Blick um 180 Grad wenden: von außen nach innen. Outsourcing ist das Modell von gestern. »Innervation«, die erfindungsreiche Kombination von Innovation und Aktivierung, ist der Werttreiber der Zukunft.

87 Prozent der Mitarbeiter fühlen sich laut einer Gallup-Umfrage von 2019 ihrem Unternehmen nicht mehr verpflichtet. Wäre ich ein Rechenschieber und Sie ein CEO, würde ich Sie zu folgendem Gedankenexperiment einladen: Nimm die Zahl eurer Mitarbeiter, multipliziere diese mit 87 und teile sie durch 100. Dann multipliziere die Zahl mit dem Durchschnittsverdienst eurer Angestellten. Diese große und erschreckende Zahl ist das Vermögen, das du aktivieren kannst. Für Volkswagen lautet die Rechnung: 671.200 Mitarbeiter gesamt, davon 583.944 eher Gleichgültige, multipliziert mit einem Durchschnittsverdienst von siebzigtausend Euro ergibt: 40 Milliarden Euro. Okay, die Rechnung geht von der Annahme aus, dass innerlich ausgestiegene Mitarbeiter überhaupt nichts leisten. Realistischer ist vielleicht, dass sie halb so viel schaffen wie ihre motivierten Kollegen. Das wären dann immer noch 20 Milliarden allein bei VW. Egal, wie wir es rechnen: Es bleibt eine große Zahl. Das ist euer Zukunftskapital.

Das Wunderbare am Menschen ist: Er kann sich von einer Sekunde auf die andere ändern, wenn er denn will. Zum Beispiel für ein lohnend erscheinendes, motivierendes Ziel. Anders als die langen Zyklen, die es braucht, bis beispielsweise ein zukunftsrettendes neues Automodell entwickelt ist, muss man bei der Aktivierung des menschlichen Potenzials nicht lange warten. Die Aktivierungsphase kann schon heute starten. Hört sich leicht an, ist nicht ganz so einfach, aber machbar.
Empathie, Einfallsreichtum, Kampfgeist, Durchhaltewillen,

Kollegialität, Hingabe, Detailliebe, Mut, Risikofreude: Wenn Stefan einen Blick auf die menschlichen Qualitäten seiner Mitarbeiter wirft und diese zum Blühen bringt, wird sich das umgehend auszahlen. Wenn er ihre Fähigkeiten aber verkümmern lässt, kann ihm keiner mehr helfen.
Als Steve Jobs an die Spitze des im Sinkflug befindlichen Apple-Konzerns zurückgeholt wurde, formulierte er seinen Plan so: »Ich denke, wir sollten uns mehr darauf konzentrieren, Dinge zu tun, die anders sind. Wir kehren zur Innovation zurück.« Warren Buffett definiert es trockener: »If you are normal, you can't be rich.« Das gilt nicht nur für den wertvollsten Konzern der Welt, sondern für jedes Unternehmen. Wir brauchen den Gedanken- und Innovationssprung. In jeder Branche. In jedem Unternehmen. In jedem Bereich. Es gibt viel zu tun.

Aber wie nimmt man die Mitarbeiter nun mit auf die Reise ins Ungewisse? Es gibt die bewährte Methode der sechs Zündstufen. Erstens das Gefühl der **Sicherheit**. Der Begriff, im schicken Englisch »psychological safety«, erlebt gerade seinen zweiten Frühling. Anders als das Vertrauen zwischen zwei Menschen ist hier die Sicherheit in der Gruppe der zündende Funke. Nur dann geht man das Wagnis ein, dumme Fragen zu stellen, absurde Gedanken zu äußern und kritische Aspekte auf den Tisch zu werfen. Das braucht Mut. So wie der erste Tänzer Mut braucht, der den menschenleeren Dancefloor betritt, während alle anderen rumstehen, den Kopf schütteln, auf sich blicken und lästern. Dieser Mut basiert auf dem Gefühl der Zugehörigkeit, das Sicherheit vermittelt. Und er darf nie bestraft werden. Der ehemalige Bayer-CEO Marijn Dekkers wusste: »Du musst alles dafür tun, dass auch die schlechten Nachrichten schnell zu dir kommen.« Also:

»Don't kill the messenger.« Eher gebührt dem furchtlosen Überbringer schlechter Nachrichten eine Tapferkeitsmedaille, die für alle sichtbar ist.

Es gibt Anzeichen dafür, dass der Mensch auf Dauer die absolute Unbeschwertheit psychisch ebenso wenig verträgt, wie er physisch in absoluter Schwerelosigkeit existieren kann. Offenbar kann er im sinnleeren Raum ebenso wenig überleben wie im luftleeren Raum. Alle reden von Burn-out, doch »Bore-out« ist vermutlich das verbreitetere Krankheitsbild: grassierende Gleichgültigkeit durch fundamentale Sinnleere und Langeweile. Insofern ist **optimistische Ungewissheit** ein wichtiger Aktivator für unternehmerische Prozesse. Ungewissheit funktioniert nach dem Prinzip Wundertüte: Ich weiß nicht, was auf mich zukommt, das sorgt für gespannte Vorfreude. Routine ist energieschonend: das Leben im Autopiloten und mit Tempomat, dieselben Abläufe, dieselben Agendapunkte, dieselben Kommentare. Hier braucht es das Unerwartete. Die kleine Überraschung stellt die Antennen wieder auf Empfang und erhöht die Anspannung. Botschaften dringen leichter durch. Und es entsteht ein vielversprechender Trainingseffekt: Wie lernen, dass Zukunft nicht vorhersehbar ist, und üben uns darin, alle Sinne wach zu halten, um spontan reagieren zu können. Optimistische Ungewissheit ist also ein gedankliches Dehnungsprogramm – damit Innovationssprünge ohne Muskelzerrungen gelingen.

Wenn sich in Zukunft mit Homeoffice, digitalen Nomaden und selbstfahrenden Autos die Mitarbeiter in alle Winde zerstreuen, gewinnt der Aspekt der **Zugehörigkeit** sprunghaft an Bedeutung. Woran spüren Mitarbeiter eigentlich, dass sie Teil eines eingeschworenen Teams sind? Was gibt ihnen das gute Gefühl, gesehen, gehört und akzeptiert zu sein? Was trägt die Leitung aktiv dazu bei? Gibt es Erkennungszeichen, die über die Sakkoanstecknadel hinausgehen? Gibt es Rituale und eine Sprache, die alle sichtbar, hörbar und spürbar miteinander verbinden? Kennen wir die Helden, und haben wir gemeinsame, verbindende Geschichten? Schauen Sie sich die Erfolgsmethoden bei einer Truppe Ihrer Wahl an, egal, ob Pfadfinder, Freimaurer oder Rote-Kreuz-Helfer – die Mechanismen des Zusammenhalts sind gleich.

Der nächste entscheidende Faktor ist die **Wahrnehmung**. Wahrgenommen zu werden ist ein ebenso tiefes, elementares Bedürfnis des Menschen wie Essen, Trinken und Schlafen. Als soziale Wesen erleben wir uns erst durch die Reaktion der anderen. Es ist wie mit unseren Augen, die sich auch nicht selbst sehen können, sondern dafür den Spiegel brauchen. Kein soziales Erlebnis ist für uns Menschen schlimmer, als übersehen zu werden. Wir kennen die schöne Formulierung »an Ansehen gewinnen«. Sie beschreibt den magischen Effekt, den es hat, wenn einen die Hinwendung anderer beflügelt. Dies wird in Zukunft einer der entscheidenden Treiber erfolgreicher Führung sein.

Kommen wir zu den zwei größten Beschleunigern interner Aktivierung. Zuerst das **persönliche Wachstum.** Gemeint ist die Möglichkeit jedes Einzelnen, aus der eigenen Komfortzone herauszukommen und neue Fähigkeiten, neue Menschen, neue Strukturen und Kulturen kennenzulernen – mit der Chance, an ihnen zu wachsen. Ich lerne mehr, kann mehr, verstehe mehr und verdiene mehr. Das ist Hochleistungs-Schmieröl im Motor des Maschinenraums. Also: Wo immer es die Chance auf Fortbildung oder Austauschprogramme über Branchen-, Sprach- und Kulturgrenzen gibt, innerhalb des Unternehmens und darüber hinaus, solltet ihr eure Mitarbeiter darin unterstützen, die Grenzen des Gewohnten zu überschreiten. Natürlich muss man dann eine Zeit lang auf eine gute Kraft verzichten – aber danach bekommt man einen hochmotivierten und dankbaren Mitarbeiter zurück, dessen Horizont sich erweitert hat.

Womit wir beim großen Finale und dem zündenden Funken wären: der Erkenntnis, »Ich bin Teil von etwas, das größer ist als ich«. Wir sprechen vom gewaltigen **Energiefeld der Gleichgesinnten**. Wo immer wir hinblicken: Fridays for Future, Apple, Patagonia, Tesla, Bayern München, Berliner Philharmoniker oder Helene-Fischer-Fans: Wenn wir uns als Teil einer großen Gemeinschaft fühlen, wird gewaltige Energie frei. Wenn es gelingt, Menschen hinter einer Idee zu versammeln, sind sie nicht mehr aufzuhalten. Das gesamte Wikipedia-Projekt, mit allen Seiten, in allen Sprachen, hat etwa 98 Millionen Stunden menschlicher Aufmerksamkeit verschlungen. Das klingt viel, entspricht aber der Menge an Stunden, die die Bürger der USA an einem beliebigen Wochenende damit verbringen, Sport zu gucken. Das klingt doch machbar. Was lernen wir daraus? Der Aufwand für große Gemeinschaftswerke ist gemeinhin kleiner, als man denkt – aber der Hebel ist gewaltig. Da geht also was. Nur funktioniert das auch im großen unternehmerischen Stil? Durchaus! Microsoft beweist das zurzeit sehr eindrucksvoll. Aus Bill Gates' Jugendzimmer zum wertvollsten Unternehmen der Welt aufgestiegen, schien das Unternehmen vor einiger Zeit seinen Zenit überschritten zu haben. Der emotionsgewaltige Vollblutverkäufer Steve Ballmer pushte seine Verkaufstruppen zu immer neuen Anstrengungen, aber MS-DOS, Windows und Microsoft Office verloren an Reiz. Ganz unamerikanisch zeigte die Microsoft-Chart eine zehnjährige Flatline statt der gewohnten Wachstumskurve. Vor lauter Fokussierung auf die eigenen Heldenprodukte und ihre Optimierung hatten Steve und die Microsofts die Entwicklung von Smartphones und Tabletts komplett verschlafen. Das Unternehmen wurde am Nasenring auf die Dinosaurierwiese neben AOL, Yahoo und BlackBerry geführt, und die Welt war bereit, ihnen beim Aussterben zuzusehen. Google und Konsorten hatten Microsoft links überholt und warben die guten Leute mit fünfundzwanzig Prozent dickeren Gehaltsschecks ab. Der neue CEO Satya Nadella, eher ein ruhiger Vertreter seiner Art, geborener Inder, ausgebildeter Ingenieur und Cricket-Fan, steuerte den Konzern schließlich kraftvoll um. Cloud Computing, LinkedIn-Übernahme – und er öffnete dem Teufel höchstpersönlich die Tür, indem er Windows und Office appletauglich machte. Doch das Entscheidende war etwas anderes. Seine Kulturrevolution brachte Nadella auf den Satz: »From know it all to learn it all.« Die Besserwisser zu Wissbegierigen zu machen und ihre Antennen wieder auf Empfang zu stellen, klingt nach Gehirnwäsche, ist aber noch schwieriger. Der radikale Bruch mit alten Besitzständen und die konsequente Hinwendung zu neuen Geschäftsfeldern wirkte als Frischzellentherapie für die grauen Zellen. Dabei hilft CEO Nadella das Hochgeschwindigkeitstempo der IT-Industrie, die anders als die Banken-, Automobil- und Zeitungsindustrie nie empfänglich war für Geschichten aus der Vergangenheit, sondern seit Tag eins nur die Innovationskraft bewundert. Die Elitetruppe von Windows und Co. musste zurück ins Glied, die Silos wurden gesprengt, die wochenlangen Halbjahrespräsentationen vor dem obersten Entscheiderboard, die viel Kraft und Zeit kosteten und vor allem Taktieren und exzessive Eigenbeschäftigung belohnten, wurden kurzerhand abgeschafft und durch ein »real time tracking« der Marktsituation ersetzt.

Das Unternehmen verschrieb sich einer großen gemeinsamen Sache: »To empower every person and every organisation on the planet to achieve more.« Das global große Microsoft macht sich ganz klein und stärkt jedem Menschen und jedem Unternehmen auf unserem Planeten den Rücken, damit sie ganz nach ihren Wünschen mehr erreichen. Folgerichtig und mit großem Überraschungsmoment startete Nadella den globalen Launch des nagelneuen Windows 10 in einem kleinen Ort in Kenia. Und er machte sein eigenes Office zum lebendigen Vorbild für die neue Form des Miteinanders: Er entdeckte Jill Nichols in der Organisation und hob sie auf den Sessel des »Chief of Staff«, weil sie außergewöhnlich respektvoll und zuvorkommend mit anderen Menschen umging. Nadella machte die Kulturrevolution zur Chefsache und schloss sich mit seinen 180 Topleuten ein, um aus ihnen das »culture cabinet« zu formen.

»Lead to learn is different« ist die simple Erkenntnis und die große Aufgabe. Nicht mehr der Unteroffizier-Typ ist das Sinnbild der Führung, sondern der Typus Meister Yoda – der Lehrer und Mentor. Anleitung zum Lernen statt zum Gehorsam. Und der CEO stellte sich an die Spitze dieser Bewegung. »Ich definiere mich durch meine Neugier und meinen Wissensdurst, kaufe immer mehr Bücher, als ich lesen kann, melde mich zu mehr Onlinekursen an, als ich besuchen kann. Ich bin zutiefst davon überzeugt:

Wenn du nicht täglich neue Dinge lernst, hörst du automatisch auf, großartige und sinnvolle Dinge zu tun.«
In nur fünf Jahren drehte Nadella die Entwicklungskurve von »fading star« zu »all time high« bei Umsatz (156 Milliarden Dollar), Profit (44 Milliarden) und Beschäftigten (143.015).
Neugier ist der Anfang von allem. Auch von Milliarden Dollar schwerem Wachstum. Der Fokuswechsel vom technischen auf das menschliche Betriebssystem brachte Microsoft den großen Erfolg. Denken wir mal drüber nach.

Wir lernen:
Das innere Vermögen ist grenzenlos.

Ein paar Seiten über das starke Geschlecht

WIR MÜSSEN LEIDER DRAUSSEN BLEIBEN

»Ich mache alles, was Fred Astaire macht. Nur rückwärts und auf High Heels.«

(Ginger Rogers)

Dies ist eine Mitmachübung. Lesen Sie sich die nun folgenden Namen einmal laut vor:
Kasper. Oliver. Martin. Werner. Stefan. Oliver. Christian. Markus. Ola. Niklas. Christian. Theodor. Frank. Michael. Tim. Johannes. Rice. Stephan. Dominik. Carsten. Reinhard. Steve. Stefan. Reine. Joachim. Rolf. Christian. Joe. Herbert. Rolf.
Zwei Stefans, ein Stephan und ein Steve. Zwei Olivers und ein Ola. Zwei Christians. Zwei Rolfs. Fällt Ihnen noch etwas auf? Am Steuer der großen DAX-Dampfer erhalten (Stand Dezember 2020) ausschließlich Männer ein Kapitänspatent. Um die wirklich großen Schiffe zu steuern, braucht du offenbar besondere biologische Voraussetzungen: ein Y-Chromosom. Und wenn der DAX nun von 30 auf 40 erweitert wird, kommen noch mal zehn Männer in den besten Jahren hinzu. Wir ahnen: Irgendetwas stimmt nicht. Selbst wenn Belén Garijo, wie angekündigt,

Mitte 2021 bei Merck als Kapitänin das Ruder übernimmt.
Es gibt Berge von Studien, die uns nahelegen: Diversität in Teams ist von Vorteil. Die Unterschiedlichkeit der Geschlechter wäre ja schon mal ein Anfang. Doch augenscheinlich ist die Ignoranz größer als die Erkenntnis.

August 2014. Mein erster Tag als Geschäftsführer der *Handelsblatt*-Gruppe. Um den frischen Blick des Neulings zu nutzen, blätterten der Herausgeber Gabor Steingart und ich die Zeitung Seite für Seite gemeinsam durch – eine geschlagene Stunde lang. In der gesamten Ausgabe ist kein einziges Bild einer Frau zu finden. Das Zählspiel endet 22 zu null für die Männer. Ein augenöffnender Moment für uns beide. Kein Wunder, dass die Quote weiblicher Leser damals bei gerade 18 Prozent lag. Sie fanden in der Welt der Wirtschaft und in den entsprechenden Medien gar nicht statt. Es kam hinzu, dass die männlichen Gesichter auf jedem Bild dunkle, entweder graue oder blaue Anzüge trugen und ihre Ernsthaftigkeit zur Schau stellten. Deutschlands führende Wirtschaftszeitung sendete so seit über siebzig Jahren täglich ein unübersehbares Signal in die Welt: Wirtschaft ist erstens eine ernste Angelegenheit und (deshalb?) zweitens Männersache.

Nachdem die Politik es jahrzehntelang im Guten versuchte und sich auf Appelle beschränkt hat, ist ihr vor ein paar Monaten der Geduldsfaden gerissen und es kam die Peitsche. Der Glaube an die Selbstverpflichtung und an das Beste im Mann hatte dazu geführt, dass die Frauenquote in Deutschlands Top-Etagen zurückging. Elf DAX-Konzerne haben scheinbar Frauenverbot in den Vorstandsfluren – sie kommen ganz und gar ohne aus. Auch bei mittelgroßen und kleineren Börsenunternehmen bleibt die Firma zu über 90 Prozent in Männerhand einzementiert – neun von zehn Vorständen sind reine Männerversammlungen.

Jetzt kommt sie also, die Quote, und der Aufschrei ist groß. Männer fühlen sich benachteiligt. Denn die Jobs sollen in Zukunft bis zum Erreichen bestimmter Mindestanteile per Gesetz vorzugsweise an Frauen gehen. Das wird zu manch ungerechter Entscheidung führen. Aber das ist erstens selbstverschuldet und zweitens ein notwendiges Übel auf dem Weg in die noch notwendigere Diversität. Damit Themen, Perspektiven, Tonalität und Entscheidungen facettenreicher und besser werden. Wir sollten uns darauf freuen. Wenn weniger Testosteron am Tisch ist, laufen die Dinge anders. Besser. Wir haben es in der Corona-Krise erlebt: Die Infektionsraten der Länder, die von Donald, Wladimir, Boris und dem Brasilianer Jair geführt werden, sind dramatisch höher als die von Taiwan, Neuseeland, Dänemark, Finnland, Norwegen und Deutschland – sie alle haben Frauen an der Spitze.

Für die These, dass es besser läuft, wenn man Frauen einbezieht, lassen sich auch geschichtlich wunderbare Beispiele finden. Samuel Colt hat den Trommelrevolver erfunden, während sich Stephanie Kwolek um die Erfindung der Kevlarfaser gekümmert hat, die fünfmal stabiler ist als Stahl und aus der schusssichere Westen gesponnen werden.

Übrigens belegen Erkenntnisse der Cambridge University von 2018, dass es bezüglich der Fähigkeit zur Empathie keinerlei genetischen Unterschied zwischen Männern und Frauen gibt. Das hat mich ehrlich überrascht. Dass die Antennen der Männer bei emotionalen Schwingungen spürbare Empfangsstörungen haben, liegt also nur daran, dass sie sich seit Jahrtausenden als Herrscher in ihrem Reich aufspielen – und sei es nur die eigene Wohnung oder der eigene Hobbykeller. Dass die Chefkrankheit geschlechtsspezifisch ist, hat ausschließlich historische und soziale Gründe, keine biologischen.

Aber zurück zum Thema. Wo sitzt nun eigentlich die Bremse, wenn es um das Öffnen der Konzernspitzen für das Potenzial der Frauen geht? Ist es wirklich der Mann als solcher, der hier blockiert? Der Manager, liebe Frauen, ist überraschenderweise kein Neandertaler, sondern euer Gatte. Das Wesen neben euch auf der Couch. Euer eigener Stefan. Er lebt im Hier und Jetzt und akzeptiert ja auch zu Hause, dass ihr die Hosen anhabt. Und wenn ihr es wollt, akzeptiert er auch, dass die Arbeit zu Hause fair aufgeteilt wird – entsprechend dem Zeitbudget und den Stärken der beiden Partner. Die Schranke in Stefans Kopf ist jedenfalls deutlich kleiner als die Durchfahrtsbeschränkung, die die Organisationen errichtet haben. Unsere Wirtschaftswelt wurde von Männern geschmiedet und ist zum selbsterhaltenden System mutiert. Reine Männergruppen stellen sicherheitshalber Menschen ein, deren Verhalten sie einschätzen können, also gerne ihresgleichen. Und die Karriereleiter wurde von erfolgsgetriebenen Typen zusammengezimmert und ist aus hartem Holz. Auf ihr gibt es nur eine Richtung: Sprosse für Sprosse eine Ebene höher. Wer Familie will oder Flexibilität ohne ständiges Oliver-Kahn-haftes »Weiter. Weiter. Eier, wir brauchen Eier« sucht, findet keine Ausweichmöglichkeit oder Parkbucht. »Up or out«, die schwachsinnigste Erfolgsformel aller Zeiten, wurde zum Freifahrtschein für jene, die permanent mit ausgefahrenen Ellbogen auf der Überholspur unterwegs sind und als Drängler mit Lichthupe jedem im Nacken sitzen, um sich außerhalb der Verkehrsregeln auf die Poleposition zu schieben.

Um mit der Organisation endlich auf die Spur Richtung Zukunft zu kommen, müssen wir bestehende Arbeits- und Karriereregeln ändern. Weg vom Modell »Mensch ärgere dich nicht!«, bei dem einzelne Figuren nach Belieben vom Brett gewürfelt werden, hin zum Modell Familie, in dem klare Regeln gelten, das aber beweglich genug ist, um auf die Besonderheiten zu reagieren, die man »Leben« nennt. Denn die bisherige Karriereplanung funktioniert nur für Menschen, die das Leben mit all seinen Wechselfällen erfolgreich outgesourct haben. Um das, was man Leben nennt, Kinder, Haus, Hund, Garten & Co., kümmern sich dann andere. Der zwanghafte Drang, der Karriere alles unterzuordnen, zieht eine Menge Kollateralschäden nach sich – persönlich, aber auch gesellschaftlich. Er geht auch auf Kosten der Entwicklungschancen von Frauen.

Dank des pandemiegetriebenen Digitalsprungs nach vorn beim Thema Homeoffice und der gesellschaftlichen Öffnung für das Thema, wäre jetzt ein guter Zeitpunkt für den Umbau: von der Karriereleiter zum Karrierebaum, an dem unterschiedliche Äste und Zweige wachsen. Wenn der Raum-Zeit-Korridor sich nun öffnet, die Fahrt zum Büro wegfällt und die Arbeitszeit dehnbar ist, dann werden bisher undenkbare Dinge möglich. Die Möglichkeiten sind größer als je zuvor.

Also, was hält uns noch davon ab? Ein sensibles Thema, aber es muss genannt werden, ist die Zurückhaltung der Frauen. Die immer noch spürbar vorhandene Scheu, sich um eine Spitzenposition zu bewerben, aufzudrängen und auch darum zu kämpfen. Dafür braucht es Vorbilder, heute genannt Role Models. Wenn der Anblick von

Frauen in leitenden Positionen ganz normal ist, wird es für die nachwachsenden jungen Talente viel einfacher, ihren Hut in den Ring zu werfen. Lieber mal eine dicke Lippe riskieren, als überhört zu werden, klingt heute noch fremd, wird in Zukunft aber ganz selbstverständlich. Machen Männer ja auch so. Die sportlichen Engländer nennen es »level playing field«. Wir nennen es gleiches Recht für alle.

Aber die Anforderungen an die Role Models sind enorm. Das Modell Karrieremann ist einfach. Er hat seine Karriere – und muss sich sonst um nichts kümmern. Die Karrierefrau, die akzeptiert wird, gleicht eher dem berühmten Fabelwesen, das Wolle, Milch und Fleisch gleichzeitig verspricht. Frauen treffen auf den gleichen Job, aber auf dreimal höhere Ansprüche. Und an sie werden andere, strengere und auch schon mal absurde Maßstäbe angelegt. Susanne Klatten ist bekannt als größte Anteilseignerin von BMW und damit als reichste Frau Deutschlands. Was weniger im allgemeinen Bewusstsein angekommen ist: Sie sitzt im Aufsichtsrat, um die Geschicke ihres Unternehmens zu steuern – seit über zwanzig Jahren. In der Öffentlichkeit wird sie immer noch als »die BMW-Erbin« tituliert. Eine seltsame Zuschreibung. Sie hat ihr Erbe nicht in Schuhe investiert, sondern trägt in einem 100-Milliarden-Unternehmen die Verantwortung für 138.000 Menschen und prägt die Weiterentwicklung des Konzerns mit. Das überfordert offenbar die Vorstellungs- und Formulierungskraft mancher Redakteure. Hätte man Ferdinand Piëch zeit seines Lebens nur den Porsche-Erben genannt, hätte es einen Frontalzusammenstoß gegeben.

Für Frauen gilt anscheinend: Erfolg alleine genügt nicht. Tina Müller, die Chefin von Douglas, also Europas führendem Beauty Retailer, ist hierfür ein Paradebeispiel. Keine

Angst vor schweren Entscheidungen, keine Angst vor großen Bühnen und keine Zurückhaltung, wenn es um Themen geht, die sie interessieren. Und das sind eine ganze Menge. Und keine Angst vor Fehlern. Wenn sie danebenliegt, was wie bei der Deklarierung der Douglas-Filialen als »Drogerien« zu Beginn des zweiten Lockdowns im Dezember 2020 hohe Wellen schlug, korrigiert sie die Entscheidung einen Tag später und entschuldigt sich vor aller Augen für den Fehler. Aber dieser Typ von Karrierefrau hat es schwer. Zu präsent, zu druckvoll, zu laut. Er kämpft nicht nur mit Corona, Flächenrentabilität oder der Umtauschquote, sondern auch mit einer absurden Erwartung: Wenn Frauen ein Unternehmen führen, dann heimlich, still und leise. Bescheidenheit ist eine Zier, für Frauen noch mehr. Damit frau allen Erwartungen gerecht wird, ist Familie sehr hilfreich. Simone Bagel-Trah (Henkel), einzige Aufsichtsratsvorsitzende eines DAX-Konzerns, Ann-Kristin Achleitner, Professorin und Multi-Aufsichtsrätin, oder Nicola Leibinger-Kammüller, Eigentümerin des deutschen Vorzeige-Mittelständlers Trumpf und Chefin von fast 15.000 Menschen, bringen das Wunschpaket »Ehefrau und Mutter« gleich mit. Und sind dabei noch sympathisch und fotogen. Es gibt über sie kein schlechtes Wort und von ihnen kein unvorteilhaftes Foto. Vorbildlich. So werden sie bei jeder sich bietenden Gelegenheit vor den Vorbildkarren gespannt. Ob sie wollen oder nicht.

Doch Achtung, liebe Leser*innen: »Role Model« wird ein gefährliches Konzept. Die Zukunft ist keine Castingshow. Der soziale Druck, allen Erwartungen zu entsprechen, ist gewaltig und führt Frauen in den Irrgarten. Die Erwartungen und das Idealbild werden zur Falle auf dem Weg zu mehr Diversität. Die Zukunft braucht unbedingt Frauen jeder Prägung. Ihr solltet nicht von der einen in die andere Falle laufen. Die große Aufgabe besteht also gerade darin, Rollenbilder zu sprengen und den gesamten Facettenreichtum in die Führungsetage zu bringen. Wenn Frauen aus dem Rahmen fallen, werden sie die Welt im Sturm erobern.

Die Anzeichen dieses Um- und Aufbruchs sind unübersehbar. Noch ist Angela Merkel allein auf weiter Flur im Zentrum der Macht. Doch kurz vor ihrem Renteneintritt steht eine neue Generation von Anführerinnen in den Startlöchern: Kamala Harris, Alexandria Ocasio-Cortez, die Ministerpräsidentinnen Sanna Marin (Finnland), Jacinda Ardern (Neuseeland), Mette Frederiksen (Dänemark) sowie Greta Thunberg und Freundinnen werden die Welt und die Zukunft verändern.

Kommen wir nun zum sensibelsten Punkt dieses Kapitels: einer tiefen Sehnsucht. Frauen haben den hohen Anspruch, allein für ihre Kompetenz gesehen, gefördert und befördert zu werden. Sie wollen keine »Quotenfrau« sein. Das ist nur zu verständlich, erweist sich aber als Achillesferse auf ihrem Weg durch die Hierarchien. Frauen schaffen sich mit diesem legitimen Wunsch leider eine dauerwunde Stelle, die besonders heftig auf verbale Verletzungen reagiert und sich im Laufe der Jahre zu einer chronischen Entzündung auswachsen kann. Das spüren die Mit- und Wettbewerber und bringen es im Arbeitsalltag immer wieder schmerzhaft zur Sprache. Der berüchtigte Satz heißt: »Nur weil du 'ne Frau bist.« Er fällt mit Sicherheit jedes Mal, wenn sie beim Galadinner am Tisch des Chefs platziert wird. Aus Chefsicht verständlich – wer will schon den ganzen Abend mit einer Boygroup zahlenfixierter BWLer reden. Der Chef weiß genau, dass die Themen vielfältiger sind und ein anderer, wärmerer Ton herrscht, wenn eine Frau mit am Tisch sitzt. Für sie selbst ist es eine eher mühsame Veranstaltung – und für die gesamte Kollegenschaft ein Anlass für Klatsch und Tratsch.

Wann immer sie nach vorne rückt, kommt die Unterstellung »Quotenfrau« auf den Tisch. Um diese Kränkung gar nicht erst zu provozieren, nehmen viele Frauen sich maximal zurück. Während die Jungs mit allen Mitteln um die Gunst des Chefs buhlen, warten die Kolleginnen in stiller Zurückhaltung darauf, entdeckt und anerkannt zu werden. Aber das ist falsch. Richtig ist es, den Stier bei den Hörnern zu packen. Das sichtbare Herausstechen aus der Menge kann ein echter Wettbewerbsvorteil sein, wie wir seit 15 Jahren jeden Abend in der *Tagesschau* sehen. Ob G7, G20, Europagipfel oder die Vereinten Nationen: Wir entdecken Angela Merkel auf den ersten Blick. Sie ist die Frau im farbigen Blazer unter all den Männern in dunklen Anzügen. Während die männlichen Kollegen im Einheitsbrei untergehen, sehen wir Merkel und merken uns, dass sie Tag und Nacht im Einsatz ist.

Also, liebe Frauen: Werft nach der Lektüre dieses Kapitels mal einen Blick auf die Homepage eures Unternehmens, schaut euch die Fotos des Vorstands oder der Geschäftsführung an, und ihr werdet erkennen: Da ist viel Raum für Diversity.

Und nun zum Highlight. Dem absoluten Lieblingssatz der Frauen in der Männerwelt: »Nun werden Sie mal nicht emotional.« Das ist genau der richtige Satz, um sie so richtig auf die Palme zu bringen. Warum eigentlich? Der oder die aufmerksame Leser*in hat doch gelernt, dass Rationalität alleine nicht zum Ziel führt. Eine Dosis Emotionalität und die Fähigkeit zu Mitgefühl und Empathie ist

ein unerlässlicher Bestandteil echter Führungskompetenz und ein Vorteil für die Führungskräfte der Zukunft. Vielleicht nehmen Sie beim nächsten Mal den Satz volley und retournieren ihn auf den Urheber zurück, dass er ihm nur so um die Ohren fliegt, wie einem Tennisspieler ein zu kurz gespielter Lobball. Das Gute daran ist, Sie können sich jetzt in aller Ruhe auf Ihren Konter vorbereiten. Der Satz kommt auf jeden Fall.
Männer würden sich in vergleichbarer Lage jedenfalls die Hände reiben und ihre Karten klug ausspielen. Was kann schon falsch daran sein, besser auszusehen, besser organisiert zu sein und emotional reagieren zu können? Im Marketing nennen wir das den »unfair advantage«. Den Wettbewerbsvorteil, den die anderen nicht kopieren können. Er ist besonders wertvoll. Sie sollten etwas daraus machen.

Wir lernen:
Wenn Frauen im Job ihren Mann stehen,
ist das noch keine Diversität.

Vorsicht vor Frauen auf der Chefetage. Sie bringen ihren eigenen Kopf mit und die ganze Kleiderordnung durcheinander.

Ein paar Seiten über das Denken

DIE MUTTER ALLER ANTWORTEN IST DIE FRAGE

»All education is about making people curious.«

(Stephen Sondheim)

Stefan will was vorantreiben und was entscheiden. Seine innerste Natur drängt auf Bewegung. Stillstand und fehlende Produktivität sind ihm ein Gräuel. Die Glocke des Hochgeschwindigkeits-Arbeitstakts der Topliga schlägt alle fünfzehn Minuten. Dann muss eine Entscheidung getroffen, ein Meeting beendet, ein Problem gelöst sein. Jede Minute zählt, wie ich vom weltweiten Nestlé-Chef Ulf Schneider gelernt habe. Als er sich frisch gekürt mit seinem Erfolgsprodukt Nespresso beschäftigte, war er sehr angetan. Erstens vom Geschmack und zweitens von der gewonnenen Zeit, die vorher durch das tägliche Mahlen der Kaffeebohnen und die allmorgendliche Aufbrühzeremonie an seiner italienischen Profimaschine unwiederbringlich verloren ging. Locker zehn gewonnene Minuten am Tag. Damit kann man als globaler CEO arbeiten.

Ich entscheide, also bin ich. Bei diesem unstillbaren Antrieb ist es erklärbar, dass die Managerelite im Schnitt viel zu wenig Zeit auf die Analyse verbringt und zu viel Zeit auf die Lösung verwendet. *See it. Analyse it. Fix it. Solve it. Instant Management.* Wir ahnen, dass damit die Gefahr von Fehlentscheidungen wächst.

Mit der Jobbeschreibung eines Entscheiders ist Stillsitzen kaum vereinbar. Einen ganzen Tag nur mit sich und seinen Gedanken beschäftigt zu sein, fühlt sich für Stefan an wie ein verlorener Tag. Seit Jahren lernen wir: Die Charts für die Vorstandspräsentation müssen entscheiderkompatibel sein, was in der Regel bedeutet: ganz kurz und ganz knackig. Alles muss auf eine Chart passen. Mühsames Lesen, Zeile für Zeile, ist etwas für Menschen, die nichts zu tun haben. Selbst die größte Schiffskatastrophe der Menschheitsgeschichte ist schnell erzählt: Schiff, Liebespaar, Eisberg, Tod. Der Manager hat dafür eine neue Fähigkeit entwickelt: das Querlesen. Anders, als in den Schulen gelehrt wird, erschließt sich ein Text viel schneller, wenn dein Auge von oben links direkt nach unten rechts wandert.

Wenn Sie also je eine Idee zur Rettung der Welt haben, stellen Sie sicher, dass Sie sie den Entscheidern in 20 Sekunden erklären können. Das ist der berühmte *Elevator Pitch*: vom Einsteigen im Erdgeschoss bis zur fünften Etage. Zeit ist Geld, und Geld wartet nicht. Der Unternehmenslenker ist zum Unternehmenstreiber mutiert. Die entscheidende Frage des Entscheiders ist die nach dem *next step*. Stefan hat den Daumen nicht mehr nur am Drücker, sondern auf dem *Fast Forward Button*. Schnappatmung ist der Normalzustand, in die der moderne Manager seine Umgebung versetzt.

Und Stefan erwartet von sich, dass er auf alles eine Antwort hat. Möglichst sofort. Er meint, dass das alle von ihm erwarten. Und dass er seine Berechtigung, auf der Spitzenposition zu sitzen, ständig durch schnelle und klare Entscheidungen untermauern muss. Ohne jedes Zögern – egal, wie neuartig und komplex das Problem ist. Er hat schließlich einen Ruf und einen hochdotierten Job zu verlieren und darf deshalb niemals wackeln oder zaudern. Ein unmenschliches Selbstbild. Und durch diese absurde Erwartung an sich selbst wird Stefan zum limitierenden Faktor. Denn er sorgt bewusst oder unbewusst dafür, dass er immer der Schlaueste im Raum ist – und sperrt damit das Wissen aus, das ihm selbst fehlt. Wer so führt, ist der Zweitligist unter den Topmanagern. *First class men hire first men, second class men hire third class men,* die uralte Weisheit ist grausamerweise immer noch aktuell.

Die falschen Erwartungen führen zu einem interessanten Paradoxon: Je unübersichtlicher und komplexer die Themen werden, desto weniger Austausch findet statt. Das unterschiedliche Vorwissen, die variierende Detailtiefe und das fehlende Vokabular beschränken den Austausch. Niemand will sich durch eine Nachfrage eine Blöße geben. Es gilt das Gesetz der schweigenden Mehrheit. Je mehr im Raum sind, desto größer das Schweigen. Dabei atmen oft viele im Raum auf, wenn doch jemand wagt, nach dem Offensichtlichen oder Unverständlichen zu fragen. Bei den Tagesordnungspunkten, bei denen jeder mitreden kann, passiert hingegen genau das: Alle reden mit. Da meldet man sich gerne zu Wort, um sich dem Vorredner anzuschließen – nicht ohne sein Statement nochmals ausführlich zu wiederholen. Und so kommt es, dass über die Themen mit niedriger Relevanz gerne am ausdauerndsten gesprochen wird. Die Fragen zu kostenlosen Getränken, die Firmenfeiern und die Dienstwagenregelung bekommen üblicherweise mehr Raum und Zeit,

als sie verdient haben. Das ist schade. Denn das wirklich entscheidende Tool für die Entwicklung neuer Strategien ist nicht die stets schnelle Antwort, sondern die entscheidende Frage. Und die zu finden ist gar nicht so leicht. Sie öffnet der Zukunft und neuen Gedanken Tür und Tor. Die Frage hat welt- und zukunftsverändernde Kraft. »Es ist nicht so, dass ich so schlau bin. Aber ich bleibe viel länger bei den Fragen«, so lautete Albert Einsteins Formel zum Erfolg und zum Nobelpreis.
Beim Thema Frage muss Stefan sich neu verdrahten, gehirntechnisch gesehen. Eine mentale Herausforderung. Er hat sich schon vor Jahren in Seminaren hinter die Ohren geschrieben: Fragen bedeutet Führen. Das wird in bewährter Manier praktiziert, allerdings auf die falsche Art. Sein Führungsbesteck besteht aus der Aufwärmfrage, der rhetorischen Frage, der inszenatorischen Frage und der Kontrollfrage. All diesen Führungstools ist gemein, dass sie nicht dem tieferen Informationsgewinn dienen, sondern eher dramaturgische Aufgaben haben.
Die **Aufwärmfrage** erkennen wir leicht: Es ist immer dieselbe. Sie wird quasi aus dem Unterbewusstsein gestellt, ohne dass man schon geistig anwesend ist, und dient der Auflockerung. Wie beim Tennisspieler, der sich vor dem Aufschlag mit dem Schläger die Asche aus dem Tennisschuh klopft. Die gesamte Mannschaft kann die Lippen synchron mitbewegen. Sie richtet keinen Schaden an, ist ein Stilmittel der Vertrautheit, löst allerdings auch nichts aus. Vor allem nichts Neues. Beispiel: »Wer hat heute die Agenda gemacht?«

Die **rhetorische Frage** ist ein Führungsmittel der selbstgefälligen Art. Sie wird ohne jegliches Interesse am Gegenüber und am Thema gestellt. Ihre Aufgabe ist einzig und allein die atmosphärische Beeinflussung. Ein Verstärker der eigenen Wirkung – mehr Bass und den Lautstärkeregler hoch. Meinung statt Interesse. Die erwartete Antwort auf die rhetorische Frage ist immer dieselbe: Schweigen oder Zustimmung. Beispiele: »Will noch jemand etwas dazu sagen?« und »Können wir jetzt so verfahren, wie ich es gerade skizziert habe?«

Die **inszenatorische Frage** ist die ausgewachsene Schwester der rhetorischen Frage. Sie wird gezielt gesetzt. Sie kommt unerwartet und wechselt das Thema, bereitet den unsachlichen Argumenten die Bühne und wird eingesetzt, wenn dem Chef die echten Argumente ausgehen, er die Nerven, die Geduld oder die gute Laune verliert. Diese Frage erwartet gar keine Antwort. Insofern ist der Mitarbeiter ihr auch hilflos ausgeliefert. Sie bringt uns der Lösung nicht einen Schritt näher, macht aber auf plakative Weise den Charakter des Vorgesetzten sichtbar. Beispiel: »Sollen wir statt Ihnen lieber jemanden einstellen, der sich damit auskennt?«

Die **Kontrollfrage** kommt aus der alten Chefschule. Sie dient der sichtbaren Distanzvermessung. Ich oben – du unten. Hat der Angesprochene seine Hausaufgaben gemacht? Hat er aufgepasst und mitgedacht? Ist ihm klar, dass ich der Chef bin? Dafür reicht schon die Nennung seines Namens mit einem unausgesprochenen Fragezeichen am Ende des Satzes und eine hochgezogene Augenbraue. Hier geht es nicht um das Durchdringen von Themen, sondern um das Klarstellen von Machtverhältnissen. Beispiel: »Wie viel Prozent sind Sie unter Plan und wie schließen Sie die Lücke bis zum Quartalsende?«

Keine dieser Fragen hilft auf dem Weg in die Zukunft, weil der angeblich Suchende die Antwort schon im Kopf hat. Diese Rituale dienen der Selbstinszenierung oder der Mitarbeiterkontrolle, nicht dem Erkenntnisgewinn. Statt Fragen sollten sie »Blendgranaten« oder »Nebelkerzen« heißen. Sie lösen nur Langeweile oder Angst aus und wecken weder die Neugier, noch tragen sie zur Erkenntnis bei.

Und um welche Form der Frage sollte es tatsächlich gehen, wenn die Zukunft des Unternehmens verhandelt wird? Es ist die Frage, vor der wir uns selbst erschrecken und die voller Risiken steckt, weil wir die Antwort nicht mal ahnen. Die eine, alles entscheidende Frage, von der klar ist: Wenn sie beantwortet ist, gibt es keine Umkehr. Wenn sie gewagt wird, ist das ein Energiebooster für alle Köpfe in der Organisation. Wenn also bei Daimler jemand fragt, ob man mit dem Auto überhaupt noch auf das richtige Produkt setze, und ihm nicht umgehend gekündigt wird – dann wird es interessant.

Wir wissen ja, dass die aufregendsten Wendepunkte des Lebens oft durch eine Frage markiert werden: »Zu mir oder zu dir?« – »Willst du mich heiraten?« – »Junge oder Mädchen?« Fragen können uns elektrisieren, sogar für lange Zeit: »Gibt es intelligentes Leben im All?« – »Was ist der Sinn des Lebens?« – »Können Menschen fliegen?« Ein Freund von mir pflegt auf die »Gretchenfrage«, also auf die Erkundigung, wie er es mit Gott, Religion und Kirche halte, zu entgegnen: »Ich finde die Fragen viel interessanter als die Antworten.« Genau darum geht es. Es geht um die Fragen, die den Platz im Kopf vergrößern und neuen Denkraum schaffen. Sie haben spürbare Kraft, weil sie uns selbst überraschen. Sie sind eine Sauerstoffdusche fürs Gehirn, weil es direkt drauflosdenkt – es kann gar nicht anders. Es geht um die eine Frage, mit der das Vertraute auf einmal fremd und das Selbstverständliche seltsam erscheint. Als zöge man einen schweren Vorhang zur Seite und gäbe den Blick auf das Neue frei. Wenn Welt, Zeitgeist und Fragezeichen im richtigen Moment zusammenkommen, kann eine Frage den Gang der Weltgeschichte verändern und eine ganze Wahrnehmungsrevolution auslösen. »Können Menschen eine Multi-Planeten-Spezies sein?«, fragte Elon Musk, und machte sich auf, den Mars zu besiedeln. Es ist schließlich immer gut, einen Planeten B in der Hinterhand oder im Hinter-Weltraum zu haben. Wenn eine Frage nichts auslöst, dann geht sie noch nicht weit genug. Aber sie braucht einen geschützten Raum, von dem aus sie sich ins Unbekannte vorwagen und über den Tellerrand springen kann. Und sie braucht Zeit, sich zu entwickeln, damit sie glasklar formuliert werden kann. Das ist wichtig. Auch im Terminkalender braucht das Fragezeichen mehr Platz.

Woran erkennen wir den Moment, in dem wir die Grenze des Bekannten und Vertrauten überschreiten? Er ist unmittelbar körperlich spürbar. Meist als Moment des Erschreckens. Ein gutes Zeichen. Es braucht innere Kraft, so weit zu gehen. Deshalb ist es Chefsache. Wer diesen Effekt einmal im eigenen Kopf erlebt hat, weiß, dass alles andere, was wir Frage nennen, den Namen gar nicht verdient. In Anlehnung an einen der schillerndsten Freigeister des letzten Jahrhunderts, Oscar Wilde, gilt: »A question that is not dangerous is unworthy to be called a question at all.«

Eine Frage kann innerhalb einer Sekunde unseren Blick auf die Welt ändern.

Die Vielzahl der Fragen, die uns tagtäglich beschäftigen, sind nicht kriegsentscheidend. Entweder, sie machen

kaum einen Unterschied, oder sie lassen sich jederzeit wieder korrigieren. All das sind keine Cheffragen. Es gibt aber einige wenige, die sind wirklich wichtig. Sie stellen uns an eine Weggabelung und zwingen uns zur Entscheidung, die keine Umkehr mehr erlaubt. Das ist die Frage für den Chef. Und die braucht Zeit, damit sie entdeckt, formuliert, und klar gestellt werden kann.
Die wirklich weltverändernden Dinge fallen uns nämlich nicht ein, sondern auf. Das gelingt nur, wenn sich der Blick von der Realität und der fertigen Antwort löst. Du musst deinen eigenen Verstand von der Kette lassen und nicht an die kurze Leine legen.
Wir erkennen diesen Effekt schon im Alter von vier Jahren, wenn Kindergartenkinder Häuser malen. Es dauert nicht lang, dann kennt jedes Kind das Haus vom Nikolaus. Unser Denken in DIN-Norm nimmt Form an. Kein Kind kommt dann mehr auf den Gedanken, ein Haus kugelrund zu malen. Außer vielleicht in Grönland in der Iglu-Schule. Die Fantasie wird schon in jungen Jahren in eine Zwangsjacke gesteckt. Menschen werden als Fragezeichen geboren – und kommen dann ins Umerziehungslager, wo man sie zu Punkt und Komma dressiert. Zu Besserwissern, die zynisch ihre Instant-Antworten verteidigen. Bis zu 500 Fragen täglich stellt ein Kind, bis es in den Kindergarten kommt – und dann beginnt der kalte Entzug. Mit dem Lernen vertreiben wir die Fragen und die Neugier aus den Köpfen und aus unserer Welt. Dann wird aus grenzenloser Fantasie ein Kleingeist. Das ist der Anfang vom Ende.

Der Kopf braucht Mut und Reiselust an die Grenzen unseres Wissens und darüber hinaus. Sein Kraftstoff ist die unstillbare Neugier. Die muss täglich wieder geweckt werden. Die professionelle Abgeklärtheit ist ihr Bremssystem. Unser Geist braucht, um offen und fragend zu bleiben, den Schwebezustand der entspannten, nach innen gerichteten Konzentration. Und dann etwas Anregung von außen. Anregung, nicht Ablenkung. Das übrigens hat unser deutsches Universalgenie Johann Wolfgang von Goethe so an Weimar geschätzt. Ein schönes Örtchen, wie er fand, aber nicht zu schön. Entspannt, aber auch nicht zu langweilig. *Serendipity* ist das gefällige englische Wort für den Zustand, in dem ein entspannter Geist eine zufällige Beobachtung macht, und entdeckt, was er gar nicht bewusst gesucht hat.

Fragen Sie Robert Plath. Die Menschheit hat etwa 3.500 Jahre vor Christi Geburt das Rad erfunden. (Amerika war, bis Kolumbus heransegelte, völlig radlos.) Und doch dauert es bis zum Jahr 1987, bis Robert Plath, Pilot bei Northwest Airlines, zwei und zwei zusammenzählt und so innerhalb kürzester Zeit zum Multimillionär wird. Während er am Flughafen entspannt auf sein Flugzeug wartet, sieht er eine Frau, die sich mit zwei schweren Koffern abmüht. Im selben Moment rollt ein Gepäckwagen an ihm vorbei. Und er kommt auf etwas, das unser Leben für immer verändert: zwei kleine Räder am schweren Koffer machen das Leben leichter. Er nennt seinen Geistesblitz: Rollkoffer. Wie gesagt: Die besten Dinge fallen uns nicht ein, sie fallen uns auf. Wenn du dich also fragst, wieso noch kein anderer auf diese Idee gekommen ist, bist du einer guten Sache auf der Spur.

Ein Beispiel aus dem Leben. Unsere Freundin Pauline ist besser organisiert als Amazon, selbst im Urlaub. Der Reiseführer ist Seite für Seite durchgearbeitet, der Laufplan gemacht und die Museumstickets gebucht, ehe der Airbus 320 zur Startbahn rollt. Sie hat einen Plan. Ich hingegen lasse mich treiben. Sie hat am Ende des Urlaubs stets alles gesehen, was sie sich vorgenommen hatte. Ich habe eine Menge entdeckt, von dem ich vorher gar nicht wusste, dass es das gibt und dass es mich interessieren könnte. Pauline hat sich weitergebildet. Ich habe mich weiterentwickelt.

Wer im Hamsterrad rennt, sieht nichts von der Welt, und ihm fällt auch nichts ein und auf. Deshalb: Steigen Sie regelmäßig aus, halten Sie an, bleiben Sie stehen und lassen Sie Ihren Gedanken freien Lauf. Sie werden sich selbst überraschen.

Wir lernen:
Ein Fragezeichen befreit das Denken von Punkt und Komma.

Tom's Diner
601 East Colfax
Denver, CO 80203
303-861-7493

[Seat 1]	
1 Side Mashed Potatoes	$2.99
1 Chick Tenders Basket	$9.00
1 Stupid Question	$0.38

Manager wissen, es gibt keine dummen Fragen. Außer vielleicht: „Weiß jemand, wie der Beamer angeht?"

Ein paar Seiten über das Wofür

OHNE SINN HAT ALLES KEINEN ZWECK

»Die beiden wichtigsten Tage deines Lebens sind der Tag, an dem du geboren wurdest, und der Tag, an dem du herausfindest, wofür.«

(Mark Twain)

Die positive Nebenwirkung einer Krise ist: Sie erstickt auch Ausreden im Keim. Wenn es existenziell wird, gibt es keine Möglichkeit mehr, sich hinter kreativer Buchführung, organisatorischen Beharrungskräften oder Betriebsrats-Starrsinn zu verstecken. Jetzt kommt die ungeschminkte Wahrheit ans Licht. Sie zeigt uns: Die Führung agierte in Wirklichkeit eher als eine Art Pflegekraft. Das, was wir Management nannten, war oft nur eine lebensverlängernde Maßnahme für das nicht Zukunftsfähige. Mit den betäubenden Kräften des *Financial Engineering* und der Dividendenausschüttung wurden Symptome bekämpft. Echte, konsequente und wirksame Therapien wurden vermieden – besser nicht in der Wunde rühren. Das ist jetzt anders. Eine Erhöhung der Dosis wirkt nicht mehr, die Organisation ist über die immer gleichen Maßnah-

men resistent geworden gegen die Betäubungsmittel. Erfolgsrezepte der Vergangenheit lassen sich nicht länger in den kommenden Businessplan übertragen.
Das Hamsterrad hat aufgehört, sich zu drehen, und der Hamster steht noch ganz aus der Puste auf dem Boden der Tatsachen, blickt sich um und sucht Orientierung. Nun erkennt er: Das ewige Rennen hat ihn nicht wirklich vorangebracht. Zurück ins Rad ist also keine Option. Aber was dann? Und wofür? So kommt auf einmal die Sinnfrage ins Spiel und auf den Chefschreibtisch. Zähneknirschend beginnt Stefan zu akzeptieren, dass sein Unternehmen noch etwas anderes produzieren muss als Zahlen.

An dieser Stelle möchte ich Ihnen einen wunderbaren Menschen vorstellen, den Sie mithilfe von Büchern, Podcasts und YouTube unbedingt kennenlernen sollten: Viktor Frankl. Er war Mediziner, Psychologe, Österreicher und Jude zur Zeit der Nazis – und er ist der Vater der Sinnfrage. Seine gesamte Familie wurde in Vernichtungslager verschleppt und ermordet. Er überlebte und brachte nach seiner Befreiung die Kraft auf, die jahrelangen unerträglichen Erlebnisse mit dem professionellen Blick eines Psychologen zu analysieren.
Frankl erkannte, dass der »Sinn« übermenschliche Kräfte freisetzen und eine Stärke vermitteln kann, die selbst dem Unvorstellbaren trotzt. »Wer ein Warum zu leben hat, erträgt fast jedes Wie«, zitierte Frankl leicht abgewandelt Nietzsche. Wenn das eigene Leben sinnlos wird, verlieren Menschen oft im selben Moment die Kraft und am Ende auch den Lebenswillen. Aus dieser Erkenntnis begründete Viktor Frankl die LOGO-(SINN)-Therapie. Sie hilft, das Potenzial des Menschen zu entfalten.
Potenzialentfaltung ist das neue große Thema für Organi-

sationen – die bei genauer Betrachtung eben auch eine Ansammlung von Menschen sind. So bekommt die Sinnfrage unternehmerische Bedeutung, gerade in Phasen der Neuorientierung. Sinn, als innerer Antrieb, wird zum Perpetuum mobile eines Unternehmens – zur Energiezelle im Herzen des täglichen Schaffens. Sinn kann nicht verordnet werden, aber entdeckt. Der Sinn ist kein Ticket für den Egotrip. Das Ich steht dabei nicht im Mittelpunkt. Die Frage nach dem Wofür öffnet Herz und Verstand für die entscheidenden Momente, in denen das Leben, der Markt oder das Coronavirus mich fordern. Wenn sich mein Streben einer Idee, einer Person oder Aufgabe zuwendet, entsteht große Veränderungskraft. Studien kommen zu dem Ergebnis, dass Enthusiasmus wirkt wie 27 zusätzliche IQ-Punkte. Pro Mitarbeiter. Rechnen wir das mal hoch.

Wir sollten uns an diesem Punkt nicht von gängiger Managerliteratur ins Bockshorn jagen lassen. Das Wort *Purpose* ist zwar in aller Munde, erklärt die Sinnstiftung aber zur reinen Zweckveranstaltung. Bevor man die Sinnfrage in dieser Weise operationalisiert, muss der erste und entscheidende Schritt geschehen: die Dechiffrierung des »persönlichen Anliegens«. Es gilt, die Aufgabe zu finden, die uns spürbar berührt und uns wichtig ist. »Herzensangelegenheit« – ein wundervolles deutsches Wort, das beweist: Wir Deutschen sind feinsinniger, als wir manchmal denken. Dank der deutschen Romantik ist uns im 19. Jahrhundert ein Denk- und Sensibilisierungssprung gelungen. Unsere Dichter und Denker haben unsere Sprache und unsere Gedanken reichhaltiger, feinfühliger und trennschärfer gemacht. Darauf kommt es jetzt an. Wir sollten diesen Wettbewerbsvorteil in unserer Zukunftsstrategie berücksichtigen. Besonders wirksam, da von

fremden Mächten, Staaten und Sprachen nicht kopierbar. Denn bei der Antwort auf die Frage nach dem Wofür kommt es auf jedes Wort an.
Simon Sinek holte den *Purpose* bei seinem TED-Talk auf die Bühne. Sein Video »Start with Why« wurde zum globalen Überflieger und dreht seit Jahren seine Kreise. Immer noch empfehlenswert. Google Translator hat das »Why« jedoch mit »Warum« übersetzt – und damit unser Denken in die falsche Richtung geschickt. Das »Warum« blickt immer nach hinten und aktiviert die Suche nach den Schuldigen oder nach der Erklärung, wieso und weshalb etwas Bestimmtes passieren konnte. Die richtige Übersetzung muss lauten: »Wofür«. Das lässt uns nach vorne blicken und zeigt uns klar den Weg: für wen oder für was? Damit kann man arbeiten und etwas bewirken.

Anders als in Douglas Adams' legendärem Buch *Per Anhalter durch die Galaxis* ist die Antwort auf das Leben, das Universum und den ganzen Rest nicht 42, und 21 ist nicht die Hälfte der Wahrheit. Die Antwort ist mit Sicherheit keine Zahl und nicht auf dem Kontoauszug ablesbar. Solange nur Profit und Shareholder zählen und die anderen Stakeholder leer ausgehen, geht die Erfolgsrechnung nicht auf. *Purpose* muss für alle Beteiligten Sinn machen, dann rechnet er sich auch. Schauen wir uns ein vorbildliches Beispiel an.
To create a better everyday life for the many people. Dafür arbeitet IKEA – und gehört damit seit fast 80 Jahren zu den Klassenbesten. Mit über 200.000 Mitarbeitern und fast vierzig Milliarden Euro Umsatz ist IKEA auch im Fach Wirtschaft die Nummer eins, und beim Thema gesellschaftliche Akzeptanz ebenfalls auf der Positivseite. Lassen Sie sich den Satz einmal auf der Zunge zergehen

und genießen Sie, dass die Wörter »Möbel«, »Marktführer« und »Customer Centricity« nicht vorkommen. Nicht mal das »Billy-Regal« taucht auf. Der Sinn als Antriebsfeder ist keine goldpolierte Münze, die beim Controller für glänzende Augen sorgt, sondern groß, unerschöpflich und unerreichbar. Das macht den inneren Antrieb so kostbar. Erst eine Ebene tiefer treffen wir auf die Vision. Sie hat die Aufgabe, das Ganze sichtbar und greifbar zu machen.

Wie nun erweckt die Führung den Sinn zum Leben? Wir können Sinn suchen und finden, ihn aber nicht erzwingen. Er ist eine Leitidee, hinter der sich einige hunderttausend Mitarbeiter und viele Millionen Kunden über viele Jahrzehnte versammeln, weil sie sich ihm anschließen können. Das hält die Energie hoch, den Laden zusammen und das Unternehmen auf Spur. Klingt wie eine Jobbeschreibung für die Person an der Spitze. Absolut. Sinnvermittlung ist Chefsache.

Es gibt sicherlich viele Möglichkeiten, ein Unternehmen in den Untergang zu führen. Fehlender Sinn, die allgemeine Sinn-losigkeit ist die sicherste. Wenn der Blick auf die Zahlen die Sicht auf das große Ganze und die Zukunft verstellt, wird es unmöglich, das Schiff auf Kurs zu halten. Funktioniert der innere Kompass nicht mehr, ist der Untergang nur noch eine Frage der Zeit. In Essen bei ThyssenKrupp sehen wir, dass das auch für Ikonen gilt: kein Sinn, keine Idee, keine Zukunft.

Familienunternehmen bieten dafür sogar eine Sollbruchstelle. Oft verschwindet mit dem Gründer nicht nur der Erfahrungsschatz, sondern auch der innere Antrieb aus dem Laden. Zwei Generationen später wird das Unternehmen von Fremdmanagern geführt und zur Versorgungsstation einer stetig wachsenden Nachkommensschar. Siehe Haniel mit über 600 hungrigen Erben. Der Glanz alter Tage ist verloren, das Unternehmen scheint ein »fading star« zu werden. Begegnet uns heute der Name Haniel, kommen uns Dividendenansprüche in den Sinn. Ein Konglomerat von Beteiligungen und Verwandtschaftsverhältnissen macht Milliardenumsatz, hat aber seinen inneren Halt verloren. Haniel spielt in der Wirtschaft, in der Gesellschaft und im Leben der Menschen keine Rolle mehr. All die Arbeit, fast dreihundert Jahre, löst sich nun in Nichts auf.

Es geht auch anders. Virgin und Richard Branson zeigen uns, wie Sinn neuen Wert schafft. Zu den großen Qualitäten des Engländers zählen bekanntermaßen nicht das Lesen, das Schreiben und das Rechnen. Seine Spezialität sind die Menschen. Obwohl schulisch am unteren Ende, hat Richard Branson es mit seinem menschlichen Gespür und seinem Unternehmergeist zum Milliardär gebracht. Und da er zum Geschäftsleben wie die Jungfrau zum Kind gekommen ist, nannte er sein Unternehmen folgerichtig »Virgin«. Angefangen hat es mit Virgin Music 1972. Mike Oldfield war damals geknickt, dass kein Plattenlabel sein neustes Werk *Tubular Bells* auf Platte pressen wollte. Branson hat das persönlich genommen und es einfach gemacht. So ist er nahezu über Nacht zur Ikone und zum Millionär geworden. Sein Commitment für Künstler und Musik sprach sich herum, was Scharen von Stars wie die Rolling Stones, George Michael, Genesis und Lenny Kravitz in seine Arme trieb. Sie schätzten seinen inneren Antrieb: »Challenge the giants and change business for good.« Sein Gespür für Menschen hat Virgin groß gemacht: über 60 Unternehmen und 16 Milliarden Pfund Umsatz im letzten Jahr. Seiner Idee haben sich über

50 Millionen Kunden und knapp 70.000 Mitarbeiter angeschlossen. Damit ist es Richard Branson und Virgin gelungen, unterschiedlichste Branchen wie zum Beispiel Musik, Getränke, Airline, Mobilfunk und viele mehr wachzurütteln und einige davon auf den Kopf zu stellen. Es gelingt ihm, mit seiner Leitidee den Laden und die Menschen zusammenzuhalten. Und weil es eine Leitidee gibt, wird die Diversität der Themen und Branchen, die andere die Identität kostet, bei Virgin zum Wettbewerbsvorteil. Der Musikmanager wechselt in die Getränkeindustrie, der Airline-Manager in die Gesundheitsbranche. Das sorgt für den nötigen Perspektivwechsel und sichert den übergreifenden Zusammenhalt. Den »Spirit«. Denn sie bleiben immer Virgin-Leute.
In der Stiftung Virgin Unite bündeln sich alle sozialen Aktivitäten, und Sir Richard wirft sich als Frontman als Erster in die Schlacht für die gute Sache und die große Aufmerksamkeit. 17 Millionen Verbündete auf LinkedIn und 13 Millionen Follower auf Twitter sorgen dafür, dass seine Botschaften gesehen und gehört werden und die Menge für die gute Sache aktiviert werden kann. Aber romantisieren wir ihn nicht zu sehr: Auch er hat, nachdem er von der Queen zum Ritter geschlagen wurde, seinen privaten Wohnsitz aus dem kühlen England auf eine Privatinsel in die Karibik verlegt, die als Steueroase gilt. Sind alle Engländer so?

Manchmal ist es das Leben selbst, das unsere Sinnfrage beantwortet. Rosa Parks blieb 1955 im Bus einfach sitzen und weigerte sich, auf die hinteren Plätze für Schwarze zu wechseln. Die 42-Jährige wurde vor Gericht gestellt und verurteilt. Mit ihrer Tat, die einen Busboykott und auf lange Sicht die Abschaffung der Rassentrennungsgesetze

auslöste, hat sie die Geschichte ihres Landes, der Welt und das Leben von Millionen Menschen verändert. Viktor Frankl sagt: »Manchmal genügt ein Moment, um einem ganzen Leben Sinn zu geben.«
Darum genießen Menschen, die sich mit Haut und Haaren einer Aufgabe verschreiben, unseren Respekt, ja oft sogar unsere Bewunderung: Mahatma Gandhi für den gewaltlosen Widerstand gegen Unrecht, Jacques Cousteau für die Weltmeere, Karl Lagerfeld für die Mode, Jane Goodall für die Menschenaffen, Mutter Teresa für die Armen, Muhammad Yunus für die Möglichkeit zum selbstbestimmten Arbeiten durch Mikrokredite oder der Dalai-Lama für den Frieden und das Glück in der Welt. Es wirkt, als würden die Person und das Thema zu einer natürlichen Einheit verschmelzen. Wir haben in unserer Sprache ein wunderbares Wort dafür: beseelt sein. Es beschreibt die innere Erfüllung und die energetische Aufladung, die uns Flügel verleiht und uns wachsen lässt, die Unmögliches möglich macht und uns manchmal sogar die Kraft gibt, über unseren eigenen Schatten zu springen.

Jetzt wäre ein guter Zeitpunkt, damit anzufangen.
Die Welt und die Zukunft brauchen es.

Wir lernen:
Im Anfang war das Wort.
Und zwar das Wort »Wofür?«.

our unless thorough-
qualified. M. L. Barker. 1408 Chap-
man Bldg.

MEN WANTED

for hazardous journey, small wages, bitter cold, long months of complete darkness, constant danger, safe return doubtful, honor and recognition in case of success.

Ernest Shackleton 4 Burlington st.

MEN—Neat-appearing young men of pleasing personality, between ages and 40 to work

Das Recruitment von High Potentials ist ein kostspieliges Abenteuer und sollte auf jeden Fall in professionelle Hände gegeben werden.

Ein paar Seiten über Heimarbeit

DAS HOMEOFFICE ALS UMERZIEHUNGSLAGER

»The problem with doing nothing is that you never know when you're finished.«

(Groucho Marx)

Jetzt ist der richtige Zeitpunkt, um Stefan in Schutz zu nehmen. Ich gebe zu: Es gab schon einfachere Zeiten, um Chef zu sein. Die Welt und die Märkte spielen verrückt. Das Klima und die Diskussionen darüber heizen sich auf. Und dann legt auch noch das Virus die Wirtschaft, die Kultur und manchmal den gesunden Menschenverstand lahm. Und ausgerechnet jetzt, wo Stefan gefordert ist wie nie zuvor in seiner Karriere, herrscht in seiner Welt Hausverbot. Qua hierarchischer Position sitzt er ganz oben auf dem Baum und blickt auf seine Herde hinab. Er hat alles und alle im Blick. Aber jetzt sind die Büros zu seinen Füßen leer. In den Spitzenzeiten von Corona waren Stefan und seine C-Kollegen oft die Einzigen vor Ort und im großen Gebäude. Der Kapitän und sein Schiff allein auf hoher See. Jetzt sind zwar die Videochats voll, aber in Briefmarkengröße erkennt er die eigenen Mitarbeiter nicht mehr. Die wiederum schmerzlich erfahren, was es bedeutet, wenn Kantinengespräche und der inoffizielle Flurfunk an der Kaffeemaschine auf stumm geschaltet sind.

Stefans Büro ist »out of order«. Es ist niemand da, und selbst die einfachsten Dinge wie das Auswechseln einer Druckerpatrone haben das Potenzial, ihm den Tag zu versauen. Stefan muss jetzt alles selbst machen. Vermutlich ähnlich schmerzhaft: Auch alle hart erarbeiteten Statussymbole sind außer Dienst. Der Fahrer, der Aufzug in die oberste Etage, das Eckbüro und die ehrfürchtigen Blicke der Mitarbeiter, während er auf dem Weg nach oben ist.

In den guten alten Zeiten hat Stefan gespürt, noch ehe er die Wiedervorlagemappe aufklappte: Er ist wichtig. All die Blicke, der Eifer, der auf die Minute zubereitete Grüne Tee luden ihn mit Energie und Kraft auf, schon bevor er auf seinem Chefsessel Platz nahm.

Ja, was war es früher für Stefan schön, als er in aller Wichtigkeit ins Büro fuhr und die Familie der großen schwarzen Limousine hinterherwinkte. Jetzt ist alles anders. Mal sehen, ob Homeoffice statt Privatparkplatz und Poloshirt statt Monogrammhemd Stefan verändern. Heute sitzt die Arbeit mit Stefan zu Hause im Arbeitszimmer unten im Keller, vor dem Billy-Regal und den alten Kinderzeichnungen, und er sitzt den ganzen lieben langen Tag am Computer. Topmanagement hatten sich die Kinder und die Lebenspartnerin anders vorgestellt. Der mühsam erarbeitete Mythos schwindet wie das Kinoerlebnis, wenn das Licht angeht. Das macht das Leben für Stefan auch zu Hause nicht gerade einfacher. Die täglichen Diskussionen mit den Kindern, die nicht dauernd vorm Computer hocken sollen, während Papa genau dafür fürstlich bezahlt wird, zerren an den Nerven und an seiner Glaubwürdigkeit. Seine Kinder sind irritiert, denn das, was Papa ihnen immer als »wichtige Arbeit« verkauft hat, erweist sich nun als stundenlanges Chatten. Die Aura lässt nach. Vielleicht hilft es dabei, Stefan wieder zu erden.

Klar, der CFO reibt sich die Hände: Er gibt ein Drittel der Fläche an den Vermieter zurück und stellt Abertausende von Schreibtischstühlen und Energiesparlampen bei eBay ins Netz. *Cash is king*. Die Umwelt atmet auf, der Stau und der Stickoxidausstoß werden signifikant kleiner. Aber Stefan steht mit seinen Führungskräften allein auf weiter Flur und sucht mehr denn je die Bindung an seine Truppen. Der kurzgetaktete Umgang mit den Mitarbeitern war nie sein Lieblingssport, aber ein ungehobelter Chef ist immer noch besser, als wenn die Leute gar keinen Anlaufpunkt haben, der täglich im Unternehmen präsent ist. Stefans Akutmaßnahme gegen den gefühlten Bedeutungsverlust heißt exzessives Videoconferencing. Alle sehen alles – und mich. »Management by zooming around« als digitale Ladestation für nachlassende Selbstgewissheit. Aber damit steht er vor völlig neuen Führungsherausforderungen. Sie sind virtueller Art. Die Kommunikation in das Unternehmen ist für Stefan deutlich schwieriger geworden. Wie füllt man die Unternehmenskultur mit Leben, wenn es kein gemeinsames Erleben mehr gibt? Wie funktioniert Teamgeist, wenn der persönliche Draht nur noch elektronisch ist? Wie integrierst du neue Mitarbeiter ins Team, wenn die Gemeinschaft nie zusammen ist? Wie kannst du die *rising stars* entdecken, wenn alle Mitarbeiter klein wie Maggiwürfel bewegungslos vor dem Bildschirm hocken und auf »mute« geschaltet sind?
Und wie kann Stefan eigentlich zeigen, dass er der Chef

ist? Alle Insignien der Macht wie das Hemd mit seinen Initialen, die rahmengenähten Budapester, die Aktentasche aus Krokoleder und der Montblanc-Füller wurden in die hinterste Schublade gepackt. Nicht mal mehr die seidige Krawatte von Hermès kommt zum Einsatz. Das kurze Winken in die Kamera mit der Rolex am Arm sorgt kaum für Linderung. Ach, könnte Zoom doch wenigstens speziell für ihn ein Extrafenster, den »Boss-Frame«, anlegen, damit jeder auf den ersten Blick sieht, wer hier das Sagen hat. Wenn er nicht vergisst, das Mikro einzuschalten.

Aber statt herumzumäkeln, könnten wir Stefan jetzt einmal auf die Schulter klopfen. War er bisher beim Thema *digital leadership* eher mit Tempo 50 unterwegs, hat ihn Covid-19 über Nacht auf die Überholspur gesetzt. Das Tempolimit ist aufgehoben. Stefan und seine Kollegen haben in der Krise schnell, klar und konsequent reagiert und sich neue Akzeptanz in der Mannschaft verdient. Klare Entscheidungen, voller Support und gute Kommunikation. Die Mitarbeiter wurden über Nacht vom Arbeitstisch weg an den beweglichen Rechner ins Homeoffice versetzt. Und die Überraschung war groß: Es funktioniert. Das digitale Wunder, die Aufhebung von Raum und Zeit, gilt auch im Großraumbüro und für die 35-Stunden-Woche.

Nach 200 Tagen in digitaler Freiheit zeigen Befragungen: Ein Viertel der Arbeitskräfte will nie wieder zurück, fünfzig Prozent wollen den Bürobesuch flexibel nach Tagesform, Kindermädchen und Wettersituation gestalten. Der Personalvorstand arbeitet wohlwollend an neuen Arbeitsrichtlinien, um die neue Welt zu synchronisieren. Der Betriebsrat formuliert neue Anträge für größere Bildschirme und ergonomische Arbeitsstühle. Doch Stefan ringt immer noch mit sich und der lebenswichtigen Frage:

Wie hältst du deine Truppe bei der Stange und den Laden am Laufen? Die Arbeit verändert ihr Gesicht und ihr Herz. Zu Hause ist es am schönsten. Nur nicht zum Arbeiten. Stefan fühlt sich als Vorarbeiter in einem Zoom-Callcenter, die Kollegen und Mitarbeiter wirken wie Avatare, das Projektmanagement ist künstlich intelligent und Leistung wird jetzt durch *Gamification* motiviert. Das hier ist nicht Stefans Welt. Er hat keine Vorstellung von dem, was kommt. Wie hält man die Zügel in der Hand, wenn man gar nicht in den Pferdestall darf?

Das hat psychologische Auswirkungen. Stefans über Jahre etablierte und hart erarbeitete Rituale dienen auch der Selbstvergewisserung: Ich spüre, dass das, was ich tue, wichtig ist. Alle sehen zu mir auf. Diese beruhigende Wirkung ist über Nacht weggebrochen – und urplötzlich steht die Sinnfrage bei Stefan im Raum. Kann es meine Lebensaufgabe sein, von morgens bis abends vor dem Computer zu sitzen und Protokolle zu lesen? Stefans Batterien werden leerer, ihm fehlt die eigene Docking-Station. Das Erleben von Wirkung und Sinnhaftigkeit. Nicht einmal das Unterzeichnen wichtiger Verträge per Füllfederhalter und in CEO-wichtigem Grün ist ihm noch erlaubt. Selbst das läuft heute digital und per Mausklick. Wie praktisch. Und wie schrecklich. Der Lockdown bringt auch die Leere in das eigene Handeln und zwingt zum Hinterfragen.

Es kommt zur »Liminalität«. Dieser vor hundert Jahren von Arnold van Gennep geprägte Begriff beschreibt die Erkenntnis, dass Gesellschaften Symbole verwenden, um Momente des Übergangs zu markieren. Das Symbol des Corona-Übergangs blickt uns aus dem Rechner entgegen – der Lockdownbart. Allerorts sprießen Bärte aus ehemals glatt rasierten Gesichtern, wie beim kanadischen

Premier Justin Trudeau. Das Gesicht wird umrahmt. Ein menschliches Aufheulen gegen die Idee, dass der »virale« Zustand normal werden könnte.

Stefan steht vor einer Herkulesaufgabe, und dabei braucht er jede Hilfe. Bisher glaubte er, der Starke ist allein am stärksten. Jetzt ist er sich da nicht mehr so sicher. Stefan muss den Glauben zurückgewinnen, an sich selbst und an die Zukunft. Er braucht einen Sinn und die spürbare Unterstützung durch die Menge. Wir haben gerade in den USA gesehen, was dann möglich wird. Joe Biden und Kamala Harris haben ihre Bestimmung darin gefunden, das Land zu einen und den amerikanischen Traum mit positiver Energie zu beleben. 81 Millionen Amerikaner sind ihnen gefolgt. Die Welt scheint voller Goodwill, die neue Führung auf diesem Weg zu unterstützen. Bekanntlich hat die Größe des Teichs Einfluss auf die Größe des Fisches. Dasselbe gilt auch im Meer der Unterstützung. Je größer und spürbarer diese wird, desto stärker kann ein Stefan über sich hinauswachsen.
Jetzt sind alle gefordert, das zu retten, was die Arbeit, das Schöpferische und Menschliche ausmacht: die ungeplante Begegnung am Kaffeeautomat, das informelle Netzwerk, den Flurfunk, die Betriebsfeier, den Alltag. Das alles ist der sechste Sinn des Unternehmens. Vielleicht ist etwas ganz Verrücktes angebracht: das Lob an den Chef. Und die Aufmunterung. *You never work alone.* Das hat er noch nie gehört. Lassen wir die Chefs spüren, dass sie unsere Unterstützung haben. Dann wachsen ihnen Flügel.

Wir lernen:
Auch Manager brauchen Liebe.

Machen Sie sich einen Namen im Unternehmen, ob berühmt und berüchtigt ist der Karriereleiter egal.

Ein paar Seiten zur Gestaltungskraft

GOTT IST EIN KREATIVER. KEIN CONTROLLER.

»Kreativität ist die Intelligenz, die Spaß hat.«

(Albert Einstein)

Stefan liebt Ratgeber und klare Handlungsanweisungen. Die Flughäfen- und Bahnhofsbuchhandlungen sind voll von solchen Büchern mit Erfolgsgeschichten und vor allem Erfolgsformeln. Die Top Fünf seiner Interessen sind: Erfolg, Performance, Leadership, Digitalisierung und die Vermögensanlage. Auffallend häufig sind die Ratgebenden selbst nicht durch großen beruflichen Erfolg in Erscheinung getreten. Sie kommentieren das Geschehen lieber wortgewandt vom Spielfeldrand. Ihr Feld ist die graue Theorie, ihre Berufsbezeichnung ist Experte, Buchautor und Keynote Speaker. Jene Praktiker, die ihr Können in der Arena des täglichen Wahnsinns unter Beweis gestellt haben, wählen eher das Stilmittel der Autobiografie, sozusagen die Homestory des Erfolgsgaranten. Sie sind der Überzeugung, ihr Weg sei der Inbusschlüssel zum Erfolg. Damit kriegt es jeder hin. Mit dieser Form der Weiterbildung versucht der eifrige Stefan nun, die Herausforderungen der Zukunft zu meistern. Ausgestattet mit Grafiken, Flowcharts und den neuesten Zahlen, macht er sich ans Werk, das Beste aus seinen Mitarbeitern und dem Unternehmen herauszuholen. Hätte er nicht nur Managementratgeber verschlungen, sondern einen Blick in das Buch der Bücher geworfen, wäre Stefan aufgefallen: *global leadership* geht auch anders. Gott ist ein Kreativer, kein Controller. Seine Jobbeschreibung ist Schöpfer, nicht *Chief Executive Officer*. Wir wollen uns gar nicht vorstellen, wie das Leben auf unserem Planeten aussähe, wenn Gott von Berufs wegen der größte Controller des Universums wäre. Oder vielleicht wollen wir es doch? Testen wir unsere Vorstellungskraft.

Knapp 4,6 Milliarden Jahre nachdem der Schöpfer sein Start-up »Erde« geschaffen hat, und 2.000 Jahre nachdem er seinen Erstgeborenen als Bevollmächtigten in sein Start-up sandte, meldet sich Gott zurück. Per E-Mail. Die Menschheit sitzt wie immer am Computer oder hat das Smartphone in der Hand.
»PING.« Das Postfach zeigt an: eine Mail.

VON: GOTT
BETREFF: Shape your destiny – the sky is not the limit.

Liebe Gemeinde!

Ich wende mich heute mit einer persönlichen Nachricht an Sie.
Wie Sie alle sicherlich über die letzten Jahre mitbekommen haben, ist unser Unternehmen Erde in einer schlechten Verfassung. Das universale Benchmark Tracking zeigt unübersehbar: Die Erde ist ein Underperformer. Sie sehen Sorgenfalten auf meiner Stirn.

Eine fundierte Datenanalyse dokumentiert eklatante Performanceschwächen in jeder Dimension. Das Unternehmen Erde gilt im Markt der planetarischen Gestirne als fading star. Wir müssen radikal neue Wachstumsdynamik erzeugen, uns dramatisch verändern und alte Glaubenssätze infrage stellen, wenn wir eine Zukunft haben wollen. Sonst sehe ich für unseren blauen Planeten schwarz.
Deshalb haben wir uns mit unserem höchsten Führungsgremium, der Heiligen Dreifaltigkeit, zu einem Outside Meeting in eine andere Galaxie zurückgezogen, um in einem Design-Thinking-Workshop eine neue Wachstumsstory für den Planeten zu entwickeln.
Das Ergebnis möchte ich Ihnen nicht vorenthalten.

Shape your destiny 2022. The sky is not the limit.

Die Welt ist VUCA geworden – darum heißt das Gebot der Stunde: Fokus. Fokus. Fokus.
Wir haben uns daher zu einschneidenden Maßnahmen entschieden, die vor Jahren noch undenkbar erschienen. Statt der Zehn Gebote gilt in Zukunft: THE ONE. Die Mutter aller Zielvorgaben.
DU SOLLST NICHT BEGEHREN DEINES NÄCHSTEN HAB UND GUT, ABER NACHHALTIG PROFITABEL SEIN UND EINE JÄHRLICHE WACHSTUMSRATE VON FÜNF PROZENT ERWIRTSCHAFTEN.

Alle anderen Zielgebote bleiben selbstverständlich in Kraft, werden aber THE ONE untergeordnet. Das schafft Klarheit.

Die Personalausstattung der Erde sprengt mit weit über sieben Milliarden Köpfen jede Wirtschaftlichkeitsbetrachtung und ruft auf jedem anderen Planeten des Universums Kopfschütteln hervor. Von den aktiven Erdteilnehmern sind 1.313.000.000 Köpfe unsere Kunden, die wir umgehend ansprechen, um sie zur inneren Umkehr zu bewegen. Parallel dazu sehen wir uns gezwungen, im Bereich der Glaubensverwaltung massiv Personal abzubauen. Aus Solidaritätsgründen beginnen wir diesmal in unseren eigenen Reihen und werden mehr als 30 Prozent der 414.582 Führungskräfte im Priesteramt sozialverträglich in Vorruhezeit schicken und in die himmlische Zentrale holen. Bezüglich unserer über 800.000 Ordensleute verhandeln wir noch mit der Gewerkschaft der Heiligen. Genaue Zahlen dazu werden wir in den folgenden zwei Wochen veröffentlichen, wenn unser Chief of Staff, Petrus, noch mal Kontinent für Kontinent durchgerechnet hat.

Wir müssen und werden jeden Stein umdrehen. Ab sofort gilt: Getränke, insbesondere Trink-, aber auch unser Weihwasser sind nicht länger kostenfrei. Unsere Unternehmensbroschüre »Die Bibel« wird nicht mehr nachgedruckt. Die Verbreitung von 700 Millionen Exemplaren verschlingt Unsummen an Papierkosten und zerstört ganze Wälder. Die Übersetzung in 3.395 unterschiedliche Sprachen ist in ihrer Komplexität nicht effizient zu betreiben. Mit der Konzentration auf eine Sprache, vermutlich Spanisch – Südamerika ist unser größter Wachstumsmarkt –, und auf die digitale Verbreitung sparen wir eine hohe siebenstellige Summe allein im

Vertrieb. Bereits gedruckte Exemplare werden nur auf Wunsch und nur noch gegen Leihgebühr ausgegeben.

Es gilt über alle Lebensbereiche eine radikal restriktive Kostendisziplin. Für die Neuanschaffung von kostspieligen Kleinlebewesen inklusive Kindern, Katzen und Hunden gibt es ab sofort ein verbindliches Antragsformular, das von mir persönlich geprüft und gegebenenfalls freigezeichnet wird. Ich kündige Ihnen schon jetzt an, dass ich im Interesse unseres Unternehmens eine sehr restriktive Linie verfolgen werde. Was wir nicht zwingend für unseren geschäftlichen Erfolg brauchen, kommt nicht länger in diese Welt.
Jeder ist aufgerufen, unter »Shape 2022« Sparvorschläge einzureichen. Die besten Ideen werden mit einem Lebenszeitbonus belohnt. Einmal jährlich wird die Idee mit dem größten Einsparvolumen gesondert ausgezeichnet. Der Vorschlagende wird heiliggesprochen. Sie erkennen, das Thema ist uns ernst.
Seit einigen Jahren lebt das Unternehmen Erde über seine Verhältnisse und auf Kosten der Rücklagen aus früheren Zeiten. Auch die zahlreichen Wechsel in unserer römischen Zentrale haben wenig zur Besserung der Situation beigetragen. Deshalb sehe ich mich gezwungen, selbst die Zügel in die Hand zu nehmen. Um die Erde zurück auf die Erfolgsspur zu bringen, brauchen wir einen drastischen Kurswechsel. Es muss zu tiefen Einschnitten kommen, über alle Standorte. Um den Cashflow zu sichern, werden wir unsere Immobilienassets auf den Markt bringen. Die Frequenz der Kirchenhäuser ist seit

Jahren rückläufig. Wir kalkulieren mit der Schließung von 50 % aller Gotteshäuser. Welche Standorte betroffen sind, ist im Moment noch in der Diskussion. Der Betriebsrat wird selbstverständlich einbezogen.
Um die Energiekosten für die verbleibenden Häuser deutlich zu optimieren, suchen wir einen globalen Energieanbieter. Die Ausschreibung läuft, und wir rechnen mit 25 Prozent Kostenersparnis durch die Bündelung unseres planetarischen Einkaufsvolumens.
Zur neuen Ehrlichkeit gehört auch, anzuerkennen, dass uns der Wandel in die digitale Welt bisher nicht gelungen ist. Hier wird unser Fokus für die Zukunft liegen, denn durch Automatisierung und den Einsatz von künstlicher Intelligenz erhoffen wir uns große Effizienzsprünge und Kosteneinsparungen. Wir haben uns dazu externe Beratungskompetenz ins Boot geholt, die bereits bei unserem Wettbewerber, der Diabolo AG, einen hervorragenden Job gemacht haben. Ich verstehe, dass manche das für Teufelswerk halten, aber neue Zeiten verlangen neues Denken. Und wir haben einen für beide Seiten kostenneutralen Barter-Deal vereinbart, sodass unser Cashflow von den kostspieligen Tagessätzen nicht belastet wird.
Ich weiß, dass das Wort »Restrukturierung« vielen von Ihnen Unwohlsein bereitet, aber seien Sie versichert, als Gründer liegt mir das Unternehmen Erde ebenso am Herzen wie Ihnen. Ich will, dass wir wieder gemeinsam stolz auf diesen Planeten sind und die Erde nach vorne entwickeln, damit sie auch die nächsten 4,6 Milliarden Jahre eine Erfolgsgeschichte bleibt. Auch wenn die kommenden Jahrhun-

derte schwierig scheinen: Ich bin zuversichtlich, dass uns eine große Zukunft bevorsteht.
Das Thema Entlassung von unserem Planeten betrifft viele von Ihnen, und das macht mich persönlich betroffen. Einige von Ihnen hier auf der Erde kenne ich seit fast hundert Jahren. Ich verspreche Ihnen, dass wir uns beim Outsourcing um eine verträgliche Lösung bemühen.
Vielen Dank für Ihr Verständnis.

Gott.

Founder, Global CEO and Chairman of the Board.
ERDE & UNIVERSUM & ALLES.

Was lernen wir daraus?
Erstens: Wir sollten dem Himmel danken, dass Gott kein Zahlenprediger ist. Und zweitens: Die vornehmliche Aufgabe der höchsten Führung ist nicht die Einsparung, sondern der schöpferische Akt. Auf der obersten Sprosse der Karriereleiter hat man die beste Perspektive. Wir dürfen diese nicht im täglichen Klein-Klein verlieren. Details sind wichtig, aber entscheidend ist der große Blick. Statt der Wiedervorlagemappe muss dringend der Ideenblock auf den Schreibtisch.
Was muss Stefan jetzt lernen? Schöpfung beginnt mit kreativem Freiraum. Auch im Kalender. Die Realität sieht bisher anders aus. Nitin Nohria, Dekan der Havard Business School, und der renommierte Managementprofessor Michael Porter begleiteten Topmanager drei Monate lang und hatten tiefen Einblick in deren Kalender. Das Ergebnis war sehr ernüchternd: 72 Prozent ihrer Arbeitszeit von im Schnitt über 60 Wochenstunden verbrachten sie in Mee-

tings. 37 Stück pro Woche. Sie bekamen 30.000 Mails pro Jahr und mussten dafür 25 Prozent ihrer Arbeitszeit aufwenden. Zeit zum Nachdenken war in den Kalendern nicht zu finden. Das muss sich ändern. Nohrias Rat an die Manager: »Fragen Sie die Mitarbeiter, wie lange sie mit Ihnen sprechen wollen, und dann kürzen Sie die Zeit um die Hälfte.«

Anders als das Raster im Kalender ist Kreativität kein linearer Prozess, der in 15-Minuten-Einheiten funktioniert. Kreativität ist unkalkulierbar – aber es gibt immer vier Wellen: erstens das Eintauchen in das Problem. Zweitens die Inkubationszeit, in der neue Gedanken reifen. Drittens das Ausprobieren und das Überschreiten von Grenzen. Viertens das Konkretisieren. Auf diesem Weg gibt es keine Abkürzung – das Tal der Tränen muss jedes Mal aufs Neue durchschritten werden, ehe man sich zu neuen Höhen aufschwingt.

Der wichtigste Baustein der Kreativität ist Tapferkeit. Das ist mehr als Mut. Mut ist der kurze Sprung vom Bungeeturm. Tapferkeit ist der nachhaltige Mut und die Aussicht auf Schrecken, Schmerzen und entbehrungsreiche Tage, darauf, das rettende Ufer außer Sichtweite zu lassen, Absurditäten zu wagen, Grenzen zu überschreiten, Kopfschütteln zu ernten, sich manchmal bis auf die Knochen zu blamieren. Der notwendige Treibsatz für Kreativität ist die Anregung und Aufregung von außen. Bringt dafür Dinge zusammen, die nicht zusammengehören. Der gedankliche Sprung kommt, wie der genetische Sprung, stets unerwartet und an einer unvorhersehbaren Stelle. Lasst es zu.

Und damit es auch etwas wird, muss der schöpferische Stefan seinen kritischen Geist überlisten. Wenn du einem guten Gedanken auf der Spur bist, bring ihn in die Welt und wirf die Idee ins kalte Wasser. »*Ready, shoot, aim*«, ist das kreative Gebot der neuen Zeit. In der Stunde der Geburt geht es nicht um Makellosigkeit, sondern um sprudelnde Lebensfreude und erkennbare Vitalfunktionen. Man erkennt meist auf den ersten Blick, ob aus diesem Baby etwas werden kann. In dieser Phase gibt es keine Fehler, denn jeder Schritt und jedes Gespräch bringen Erkenntnisgewinn. Und das allein ist schon wertvoll. Mehr bringt mehr. Die echten Fehler beginnen später – wenn die Unfähigkeit zum Loslassen zuschlägt. Das Timing markiert also den Unterschied zwischen Lektion und Niederlage. Nicht jede Idee ist gut. Und nicht jede gute Idee ist lebensfähig. Das verzweifelte Bemühen, eine liebgewordene und zunehmend kostspielige Idee unter Einsatz aller Kräfte zum Fliegen zu bringen, obwohl sie nicht einmal gehen gelernt hat, wirkt wie ein Moor: Je mehr man strampelt, desto eher geht man unter.

Vor Jahren nahm ich an einem eindrucksvollen Treffen mit einem sehr bekannten Silicon-Valley-Investor teil. Wir suchten seinen Rat, weil wir einen Unternehmensbereich völlig neu aufstellen wollten. Mit einem Meer von PowerPoint-Charts bewiesen wir ihm mit großem Engagement, was wir alles versucht hatten, optimiert hatten, justiert hatten, eingespart hatten. Sein vernichtendes Urteil: »I see you are busy dying.« Die zentrale Aufgabe für jeden Manager ist nicht die hyperaktive Sterbehilfe, es geht darum, etwas Neues zu schaffen. Etwas von Wert. E-Mails gehören nicht dazu. Die beantwortet Gott auch nicht.

Wir lernen:
Neues von Wert in die Welt zu bringen,
ist eine göttliche Aufgabe.

Lore Schumann zeigt, es muss nicht immer McKinsey sein, meist hilft schon der gesunde Menschenverstand.

Lore's Law:

§1 Was man nicht mit Freude macht, macht auch anderen keine Freude.

§2 Einfach ist nicht einfältig, sondern besser als schwierig.

§3 Wenn etwas nicht klappt, fängt man noch einmal von vorne an.

§4 Bevor man fertig ist, muss man erst mal richtig anfangen.

§5 Wenn man das Gefühl hat, da stimmt etwas nicht, dann stimmt das meistens.

§6 Der Bauch soll nur entscheiden, wenn er vorher etwas Ordentliches bekommen hat.

§7 Wenn man etwas nicht weiß, dann fragt man.

§8 Man muss immer so reden, dass einen der andere versteht und man sich selbst aber auch.

§9 Wenn man kein Geld hat, kann man sich nichts Teures kaufen, aber wünschen.

§10 Wenn man etwas bekommen hat, sagt man Danke.*

*an dieser Stelle Dank an Scholz & Friends

Ein paar Seiten über das, was kommt

DAS LEBEN IST KEINE TO-DO-LISTE

»Life is what happens to you while you're busy making other plans.«

(John Lennon)

Kommen wir zum großen Finale. Jetzt bist du gefragt. Das Schicksal hat euch, uns, dich auserwählt. Wie bei den berühmten Vorkämpfern Luke Skywalker, Jeanne d'Arc oder Bilbo Beutlin liegt plötzlich alle Last der Welt auf deinen Schultern. Du bist gefordert, dein Unternehmen, deinen Bereich oder dich selbst in die Zukunft zu führen. Wie die Helden im Film fühlt sich jeder überfordert und versucht, dem Unvermeidlichen und den Schmerzen aus dem Weg zu gehen. Dabei lehren uns Geschichte und Hollywood: Es kommt niemand, um uns zu retten; das müssen wir schon selbst tun. Es gibt allerdings in jeder Geschichte Verbündete, innere Stärke, viele Prüfungen, das Tal der Tränen und schließlich, ganz am Ende, das Happy End. Die Welt ist voller Menschen, die vom Schicksal auserwählt wurden und über sich hinausgewachsen sind, um es mit scheinbar unbesiegbaren Mächten, wie in unserem Fall Investoren, Medien, Betriebsräten, NGOs oder internen Zynikern, aufzunehmen und die Welt ein Stückchen heller zu machen.

Was ist jetzt zu tun?
Jede Heldengeschichte beginnt mit dem »Calling«: Das Schicksal, der Killer oder die Krise klopft an die Tür. Wie in Hitchcocks *Die Vögel* spüren wir: Es braut sich etwas zusammen. Lange bevor es uns trifft. Das gilt auch in der Geschäftswelt. Nur: Wer im Hamsterrad rennt, bekommt davon nichts mit. Das Gespür geht verloren.
Aufgabe eins: Sorge dafür, dass all deine Instinkte und Sinne auf Empfang geschaltet sind. In deinem Eckbüro wirst du blind und taub. Vernetze dich mit dem wahren Leben, dem echten Kunden und den Generationen X, Y und Z. Und lass kritische Stimmen an dich heran. Du musst umgehend raus aus deiner Filterblase. Wenn die Veränderungen kommen, werden sie massiv sein. Freu dich.

Dann ist es so weit: Der glorreiche Moment steht vor dir. Jetzt kannst du deinem Namen »Entscheider« alle Ehre machen.
Aufgabe zwei: Die kleine Lücke zwischen Reiz und Reaktion ist der große Augenblick, in dem du alles verändern kannst. Höre einfach auf deinen Bauch, folge deinem Verstand, nimm dein Herz in die Hand und spring – raus aus der Routine und hinein in die neue Gedankenwelt. Das verlangt mehr Entscheidungskraft als je zuvor. Das Zeitalter der kleinen Fortschrittchen ist jetzt wirklich vorbei. Auf der alten Strecke kommen du und dein Unternehmen doch keinen Schritt mehr weiter. Die allseits beliebte evolutionäre Entwicklung des Unternehmens ist zu langsam für die sprunghafte Entwicklung der

Welt. Das Matroschka-Business – wir zaubern aus dem alten Produkthut stets das nächstkleinere gleichförmige Produkt hervor – ist ausgereizt. *Welcome to the world of bold moves.*

Aufgabe drei: Brich mit alten Vorstellungen, Erfolgsrezepten und Gewohnheiten. Bevor du neue Ideen entwickeln kannst, musst du die alten aus dem Kopf schieben. Vor dem Upskilling kommt das Unlearning. Schaffe dir auch gedanklich Raum für Neues. Und das beginnt schon mal bei dir selbst und deinem Kalender. Die Zukunft beginnt zwar erst morgen, aber sie braucht heute schon deine Aufmerksamkeit. *Daily business is not your business.* Als Vorarbeiter bist du auch deiner Zeit voraus und lebst, denkst und arbeitest in der Zukunft. Also buche dir Denkzeit, ohne Meetings, ohne Mails, ohne Plan. Erschreckend, aber wirkungsvoll. Beginne mit einer NOT-TO-DO-Liste. Jeff Bezos konzentriert sich ganz auf Einbahnstraßen-Entscheidungen, bei denen es keine Umkehrmöglichkeit gibt. Alles andere wird nach unten delegiert, was die Entscheidungs-Geschwindigkeit erhöht. Also: Weniger entscheiden, aber besser. Denn die Entscheidung ohne Umkehr braucht mehr Zeit, mehr Tiefe und mehr Ruhe. Sie muss reifen.

Aufgabe vier: Verändere deine Jobbeschreibung. »Manager« war gestern. Wir hängen den Begriff neben den Generaldirektor ins Museum für Wirtschaftsgeschichte. Delegiere klassische Kontrollaufgaben mit Wiedervorlagemappe eine Ebene nach unten, damit jemand die Prozesse in Gang hält. Du hast jetzt Wichtigeres zu tun: Du musst das innere Vermögen deines Unternehmens aktivieren. Hebe Deinen Blick von der Excel-Tabelle auf die Mitarbeiter. Folgen dir die Menschen, dann folgen auch die Zahlen.

Aufgabe fünf: Bringe Menschen zum Wachsen und mache dein Unternehmen so 27 Prozentpunkte intelligenter. Den »Pygmalion-Effekt« nennt das die Wissenschaft. Erwartung treibt Ergebnis. Bob Rosenthal ist schon 1963 in Havard diesem Phänomen auf die Schliche gekommen. Der junge Psychologe baute zwei Rattenlabyrinthe, bat Studenten, die Ratten durch das Labyrinth zum Ausgang zu leiten, und stoppte die Zeit. Alles war gleich – Ratten, Labyrinth, Stoppuhr. Der einzige Unterschied war das Schild am Rattenkäfig: hier »intelligent«, dort »doof«. Und siehe da, das Schild wurde zur selbsterfüllenden Prophezeiung. Die angeblich schlauen Ratten lösten die Aufgabe doppelt so schnell. Völlig unerklärlich, bis Rosenthal erkannte: Es ist die Hinwendung, die Erwartung und die Kommunikation, die einen gewaltigen Unterschied macht. Denke ich, die Ratte ist klug, verhalte ich mich anders. Mich erstaunt das keineswegs, schließlich bin ich mit Lassie, Flipper und Black Beauty groß geworden, also waren schlaue Tiere damals normal. Wie Amerikaner sind, übertrugen sie diese Versuchsanordnung gleich auf Kinder. Ein Intelligenztest durch Lehrer mit angeblich talentierten und untalentierten Schülern (per Münzwurf zugelost) führte zu spektakulären Ergebnisunterschieden. Die angeblich talentiertesten Schüler machten die größten Intelligenzsprünge: um – Achtung! – 27 Prozent. Die Kraft der positiven Erwartung verändert Verhalten, Tonalität und Hinwendung und sorgt so für ein sprunghaftes Wachstum der Fähigkeiten und Ergebnisse. Schreiben wir uns das hinter die Löffel. Ein Wundermittel gerade in Momenten massiver Transformation und immensem Veränderungsdruck. Viktor Frankl, den ich nicht oft genug zitieren kann, empfiehlt: »Blicken Sie auf einen Menschen nicht, wie er ist, sondern wie er sein könnte;

damit bringen Sie ihn zum Wachsen und machen ihn besser.« Das alles verbindende Element dafür ist die Kommunikation.

Aufgabe sechs: Nicht nur das Was und Wie, sondern auch das Wie viel ist entscheidend. Beim Volkstrauerspiel, dem 0:6 der deutschen Nationalmannschaft gegen Spanien im November 2020, haben wir den Unterschied gesehen und gehört. Vor leeren Rängen war jedes Wort zu verstehen, aber nur von den Spaniern. Die Deutschen haben sich wortlos ihrem Schicksal ergeben. Das Gesetz des grünen Rasens gilt auch im Büro. Wer schneller, besser, klarer und mehr kommuniziert, kann sich die Bälle besser zuspielen, Lücken schließen und Räume öffnen. Dabei zählt nicht nur das gesprochene Wort. Du selbst in deiner gesamten Persönlichkeit wirst zum Medium. Die Menschen sehen, hören und spüren, was du sagst und wie du es tust. Der VorGESETZTE wurde Mitarbeitern vor die Nase gesetzt. Das Modell der Zukunft ist intelligenter konzipiert. Das VOR bleibt, aber das, was danach kommt, wird variabel. VorDENKER, VorREITER, VorBILD ist eine erfolgversprechende Schrittfolge.

Aufgabe sieben: Hole das Unlogische, Spielerische, Unerwartete zurück ins Unternehmen und in deinen Kopf. Damit vergrößerst du den Möglichkeitsraum für jede Zukunftslösung um ein Vielfaches. Möglicherweise hat Gott sich etwas dabei gedacht, als er dir zu deiner logischen, linken Gehirnhälfte auch noch eine rechte gegeben hat. Sie befähigt dich zu Kreativität, Empathie und Emotion. Und dass sie genauso groß ist, hat vermutlich auch einen Grund. Lass sie nicht ungenutzt. Auch wenn du auf dem Chefsessel sitzt.

Ersticke nicht unter der Last deiner Aufgabe und deiner Ernsthaftigkeit. Wahre Könner bewahren stets ihre Leichtigkeit – auf dem Fußballplatz, am Konzertflügel oder auf der Hauptversammlungsbühne. Schaffe etwas Neues von Wert für unsere Welt. Gott ist kein Controller. Er ist ein Kreativer. Und vermutlich ist er eine Sie.

Also krempeln wir die Ärmel hoch und stürzen uns in die Arbeit, das Abenteuer und die Schmerzen. Der Einzige, der schon als Held geboren wurde, ist Superman, aber der muss auch kein Unternehmen führen. Der/Die Chef*in der Zukunft ist ein Mensch.

Wir lernen:
David Bowie hat recht: You can be heroes.

Möge die Macht mit uns sein.

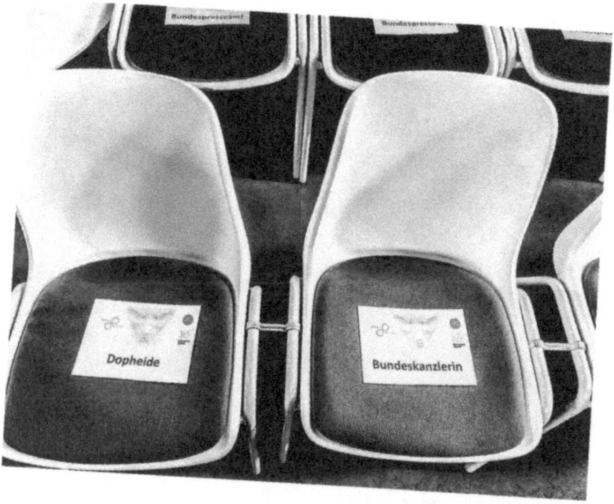

Der kürzeste Sprung ins Zentrum der Macht ist der Platz rechts neben dem Chefsessel. Ändern Sie notfalls heimlich den Sitzplan.

Ein paar Seiten für die, die richtig wichtig sind und keine Zeit zum Lesen haben

EXECUTIVE SUMMARY: DIE ZEHN GEBOTE EINER GUTEN FÜHRUNGSKRAFT

Du sollst die Zahlen verstehen und die Menschen lieben.
Der mathematische Dreisatz Wachstum, Effizienzsteigerung, Profit alleine rechnet sich nicht mehr. Bedenke: Die entscheidende Variable jeder Erfolgsformel ist der Mensch.

Du sollst nicht aus Erfahrung blind werden.
Erfahrungen sind kein Weitwinkelobjektiv, sondern Scheuklappen. Der Weg vom Unternehmen zum Industriemuseum ist kürzer, als wir denken.

Du sollst den Unsinn lieben wie deine Logik.
Immer logisch macht gar keinen Sinn. Wie ein Navigationssystem, das nur eine Route im Plan hat. Wenn der Verstand mit seinem Latein am Ende ist, fällt dem Unsinn immer noch etwas ein.

Du sollst nicht Optimum mit Maximum verwechseln.
Anders als Mutter Natur sorgt der *homo optimus* für eine unnatürliche Monokultur – hocheffizient und maximal profitabel. Das ist Management à la Noah: Nach mir die Sintflut.

Du sollst die Andersartigen bewußt feiern und fördern.
In der Chefetage herrscht die Kunst der mentalen Reproduktion. Doch Vielfalt schlägt Einfalt. Merke: »Great minds DON'T think alike.«

Du sollst das Denken von Punkt und Komma befreien.
Kommunikation ist ein zentrales Führungsinstrument, keine lästige Zwangsbeschäftigung und keine Hochrisikosportart. Am Anfang steht die Frage. Sie öffnet Raum, Geist und Denken.

Du sollst Visionen haben.
Die technologischen Möglichkeiten haben unsere Vorstellungskraft überholt. Investiere in das Vorstellungsvermögen, und die Zukunft gehört dir.

Du sollst Schöpfer sein, nicht Outsourcer.
Maximale Profitorientierung produziert vor allem eins: innere Armut. Gute Führung ist eine schöpferische Tätigkeit – die Kunst, etwas Neues von Wert in die Welt zu bringen.

Du sollst dem täglichen Tun einen Sinn verleihen.
Die beiden wichtigsten Tage deines Lebens sind der Tag, an dem du geboren bist, und der Tag, an dem du entdeckt hast, wofür. Menschen und Unternehmen, die ihren Sinn gefunden haben, wachsen über sich hinaus.

Du sollst ein Mensch sein.
Menschen vertrauen Menschen und nicht E-Mails, Visitenkarten oder Titeln. Werde sichtbar, greifbar, spürbar und ansprechbar. Vertrauen bedingt Vertrautheit.

DANKE. SCHÖN.

An meine Liebsten: Sina, Niklas, Linda, Luke und Summer als täglicher Quell der Freude.
Und meine schöne große Familie drum herum.
Seb und Nora für das wunderbare Visual auf dem Titel und den humans für jede Menge Inspiration.
Den tollsten Freund*innen aller Zeiten, für den Spaß und die Unterstützung.
Den besten Kunden der Welt, für die tägliche Arbeit und das große Vertrauen.
Sabine Langohr, die mich gezwungen hat, dieses Buch zu schreiben.
Jürgen Diessl und seinem Mut, sich mit dem ECON Verlag dafür starkzumachen.
Oliver Domzalski, der das Buch lesbar gemacht hat.
Meinen Leserinnen und Lesern, dass es euch gibt.
Und Mama, mit der dieses Buch und ja irgendwie alles angefangen hat.

DANKE SCHÖN.

[illegible]

STIMMEN ZUM BUCH

Das Buch ist ein Mutmacher mit unserer Schöpferkraft etwas Großes zu erschaffen: mit beängstigend großen Ideen, lernen beim Tun, Menschlichkeit, mit Unsinn und Begeisterung und Liebe. Ich hab' wieder Lust! Ich fang an. Let's create crazy stuff.
Lea Sophie Cramer, Gründerin des Online-Erotik-Versandhauses Amorelie, Business Angel

Es geht um die in Formen, Zahlen und Exel-Tabellen erstickte Management-Unkultur. Starke Menschen sind besser und leisten mehr durch Leidenschaft als durch Zahlenvorgaben. Frank Dopheides Buch ist eine empathische, fröhliche und optimistische Empfehlung diese Idee endlich auch zum Leitgedanken der Führung von Unternehmen zu machen.
Sigmar Gabriel, ehemaliger Vizekanzler, Bundesaußenminister a.D., Vorsitzender der Atlantik-Brücke

Dieses Buch macht glücklich – Einsicht und Unterhaltung stellen sich gleichzeitig ein. Es ist ernst und amüsant in einem. Man erkennt seine eigenen Fehler, und bekommt sie trotzdem nicht moralinsauer serviert. Prädikat: hochwirksam.
Christoph Keese, Bestseller-Autor, *CEO* Axel Springer hy GmbH, langjähriger Chefredakteur der Welt und der Financial Times Deutschland

Frank Dopheides Buch schenkt uns eine verloren geglaubte Spezies zurück: den homo ludens. Ein göttlicher Segen zur rechten Zeit, denn mehr denn je brauchen wir eine spielerische Einstellung zum Beruf: für mehr Leidenschaft, Kreativität, Innovation und Froh-Sinn im Arbeitsleben. En garde, homo oeconomicus!
Fabian Kienbaum, Geschäftsführer von Kienbaum Consultants International

Der Glaube an den Faktor ›Mensch‹ hat uns beide schon immer geeint. Die Kunst ist, ihn zu erkennen, zu pflegen und wachsen zu lassen. Das können nur Kreative und wir alle wissen (oder können es hier lesen), darin ist Frank Dopheide das echte Schwergewicht.
Wladmimir Klitschko, Box-Weltmeister im Schwergewicht, Dozent an der Universität St. Gallen

Jahrhundertelang haben Manager sich immer wieder selbst geklont. Frank Dopheides Buch ist das CRISPR des Managements, die intellektuelle Genschere für mehr Diversität und Kreativität in Führungspositionen oder: eine wunderbare und fröhliche Anleitung zum Anderssein.
Miriam Meckel Bestseller-Autorin, Professorin für Corporate Communication an der Universität St. Gallen, Cofounder, *CEO* und Publisher bei ada

Als überzeugte »Kreative«, die bei Entscheidungen auch auf ihre Intuition vertraut, spricht mir Frank Dopheides Buch förmlich aus der Seele! Dabei schafft er es, durch seine zugewandte Art und Weise, in der er ohne Häme den sogenannten Kassenwarten fast liebevoll »den Spiegel vorhält«, Selbsterkenntnis auch bei den Siez-Lesern zu mehren. Wer ihn persönlich kennt, kann ihn förmlich

hören, und sich schmunzelnd von ihm über die Erwe-ckung bis zum Aufbruch begleiten lassen. Klare Lese-empfehlung für alle, die Manager sind, es noch werden oder einfach ein gutes Buch zum Thema Führung lesen wollen. Und ein spätes Pflaster auf die Seele vieler CMOs – die sicher nicht grundlos in der C-Level Aufzählung zu Beginn fehlen.
Tina Müller, Vorstandsvorsitzende der Douglas-Gruppe

Dieses Buch ist ein Weckruf für mehr Menschlichkeit im Management.
Frank Dopheide beschreibt mit Witz, Leichtigkeit und Charme, was sich ändern muss damit die Wirtschaft wie-der den Menschen dient.
Verena Pausder, Bestseller-Autorin, Gründerin und Ge-schäftsführerin der Fox & Sheep GmbH

Frank Dopheide schenkt den Firmen jene Kreativität zu-rück, die ihnen die Doppelherrschaft von Controllern und Finanzinvestoren genommen hat. Wenn Gott ein Kreati-ver ist, dann ist Frank Dopheide sein gelehrigster Jünger – und dieses Buch sei fortan unsere Bibel.
Gabor Steingart, Bestseller-Autor und Herausgeber The Pioneer

ABBILDUNGSVERZEICHNIS

Seite 21 ASDF_MEDIA/shutterstock
Seite 34 human unlimited
Seite 65 human unlimited
Seite 76 Mark Bezos
Seite 91 Picture Alliance / Robert Harding / Christian Kober
Seite 101 human unlimited
Seite 116 human unlimited
Seite 139 https://www.mimikama.at/aktuelles/mozart-tagebuch-faktencheck/
Seite 149 https://imgur.com/JIXACph
Seite 158 https://i.imgur.com/9spNFA8
Seite 181 Россия 24 (Russland 24)
Seite 193 Tom's Diner
Seite 203 Wir suchen noch. Die Website www.antarctic-circle.org/advert.htm hat US $ 100 für den Fund der Originalquelle ausgesetzt
Seite 211 Absender unbekannt
Seite 222 human unlimited. Text von Scholz & Friends
Seite 229 privat Frank Dopheide

Autor und Verlag haben sich bemüht, die Rechtegeber ausfindig zu machen. Nicht in allen Fällen ist das gelungen. Für Hinweise sind wir dankbar.